光通信
原理及应用实践

GUANGTONGXIN YUANLI JI YINGYONG SHIJIAN

吕其恒　刘 义◎编著

U0316666

中国铁道出版社有限公司
CHINA RAILWAY PUBLISHING HOUSE CO., LTD.

内 容 简 介

本书是面向新工科5G移动通信"十三五"规划教材中的一种,全面介绍了光纤通信技术的基本概念、原理及产品应用。全书分为理论篇、实战篇、工程篇三篇,主要内容包括光纤基础理论、光纤的特性、光源及光发射器产品、光检测器及光接收器、光中继器及光放大器、光纤通信系统、常用仪表的使用以及光纤线路故障案例的分析等。

本书概念清晰、内容翔实、理论与实践联系紧密、重点突出,适合作为高等院校通信工程、计算机通信专业的教材,也可供从事通信工程技术的人员学习参考。

图书在版编目(CIP)数据

光通信原理及应用实践/吕其恒,刘义编著．—北京：
中国铁道出版社有限公司,2020.3(2021.7重印)
面向新工科5G移动通信"十三五"规划教材
ISBN 978-7-113-26340-9

Ⅰ．①光… Ⅱ．①吕… ②刘… Ⅲ．①光通信-高等
学校-教材 Ⅳ．①TN929.1

中国版本图书馆CIP数据核字(2019)第273129号

书　　名：**光通信原理及应用实践**
作　　者：吕其恒　刘　义

策　　划：韩从付　　　　　　　　　　　编辑部电话：(010)63549501
责任编辑：周海燕　刘丽丽　彭立辉
封面设计：MXK DESIGN STUDIO
责任校对：张玉华
责任印制：樊启鹏

出版发行：中国铁道出版社有限公司(100054,北京市西城区右安门西街8号)
网　　址：http://www.tdpress.com/51eds/
印　　刷：三河市航远印刷有限公司
版　　次：2020年3月第1版　　2021年7月第2次印刷
开　　本：787 mm×1 092 mm　1/16　印张：9.75　字数：222千
书　　号：ISBN 978-7-113-26340-9
定　　价：43.00元

主 任：

张光义 中国工程院院士、西安电子科技大学电子工程学院信号与信息处
理学科教授、博士生导师

副主任：

朱伏生 广东省新一代通信与网络创新研究院院长

赵玉洁 中国电子科技集团有限公司第十四研究所规划与经济运行部副
部长、研究员级高级工程师

委 员（按姓氏笔画排序）：

王守臣 博士，先后任职中兴通讯副总裁、中兴高达总经理、海兴电力副总
裁，现任爱禾电子总裁

宋志群 中国电子科技集团有限公司通信与传输领域首席科学家

张志刚 中兴网信副总裁、香港智慧城市优秀人才、中国智慧城市论坛
委员、中国医学装备协会智能装备委员、德中工业 4.0 联盟
委员

汪 治 广东新安职业技术学院副校长、教授

周志鹏 中国电子科技集团有限公司第十四研究所首席专家

周海燕 中国铁道出版社有限公司教材出版中心副编审

郝维昌 北京航空航天大学物理学院教授、博士生导师

编　委（按姓氏笔画排序）：

王长松	王宏林	方　明	兰　剑
吕其恒	刘　义	刘丽丽	刘拥军
刘海亮	江志军	许高山	阳　春
牟永建	李保桥	李振丰	杨晨露
宋玉萍	张　倩	张　爽	张伟斌
陈　程	陈晓溪	封晓华	胡　斌
胡良稳	胡若尘	姚中阳	袁　彬
徐　巍	徐志斌	黄　丹	蒋志钊
韩从付	舒雪姣		

序 1

FOREWORD

全球经济一体化促使信息产业高速发展,给当今世界人类生活带来了巨大的变化,通信技术在这场变革中起着至关重要的作用。通信技术的应用和普及大大缩短了信息传递的时间,优化了信息传播的效率,特别是移动通信技术的不断突破,极大地提高了信息交换的简洁化和便利化程度,扩大了信息传播的范围。目前,5G通信技术在全球范围内引起各国的高度重视,是国家竞争力的重要组成部分。中国政府早在"十三五"规划中已明确推出"网络强国"战略和"互联网+"行动计划,旨在不断加强国内通信网络建设,为物联网、云计算、大数据和人工智能等行业提供强有力的通信网络支撑,为工业产业升级提供强大动力,提高中国智能制造业的创造力和竞争力。

近年来,为适应国家建设教育强国的战略部署,满足区域和地方经济发展对高学历人才和技术应用型人才的需要,国家颁布了一系列发展普通教育和职业教育的决定。2017年10月,习近平同志在党的十九大报告中指出,要提高保障和改善民生水平,加强和创新社会治理,优先发展教育事业。要完善职业教育和培训体系,深化产教融合、校企合作。2010年7月发布的《国家中长期教育改革和发展规划纲要(2010—2020年)》指出,高等教育承担着培养高级专门人才、发展科学技术文化、促进社会主义现代化建设的重大任务,提高质量是高等教育发展的核心任务,是建设高等教育强国的基本要求。要加强实验室、校内外实习基地、课程教材等基本建设,创立高校与科研院所、行业、企业联合培养人才的新机制。《国务院关于大力推进职业教育改革与发展的决定》指出,要加强实践教学,提高受教育者的职业能力,职业学校要培养学生的实践能力、专业技能、敬业精神和严谨求实作风。

现阶段,高校专业人才培养工作与通信行业的实际人才需求存在以下几个问题:

一、通信专业人才培养与行业需求不完全适应

面对通信行业的人才需求,应用型本科教育和高等职业教育的主要任务是培养更多更好的应用型、技能型人才,为此国家相关部门颁布了一系列文件,提出了明确的导向,但现阶段高等职业教育体系和专业建设还存在过于倾向学历化的问题。通信行业因其工程性、实践性、实时性等特点,要求高职院校在培养通信人才的过程中必须严格落实国家制定的"产教融合,校企合作,工学结合"的人才培养要求,引入产业资源充实课程内容,使人才培养与产业需求有机统一。

二、教学模式相对陈旧,专业实践教学滞后比较明显

当前通信专业应用型本科教育和高等职业教育仍较多采用课堂讲授为主的教学模式,学生很难以"准职业人"的身份参与教学活动。这种普通教育模式比较缺乏对通信人才的专业技能培训。应用型本科和高职院校的实践教学应引入"职业化"教学的理念,使实践教学从课程实验、简单专业实训、金工实训等传统内容中走出来,积极引入企业实战项目,广泛采取项目式教学手段,根据行业发展和企业人才需求培养学生的实践能力、技术应用能力和创新能力。

三、专业课程设置和课程内容与通信行业的能力要求多有脱节,应用性不强

作为高等教育体系中的应用型本科教育和高等职业教育,不仅要实现其"高等性",也要实现其"应用性"和"职业性"。教育要与行业对接,实现深度的产教融合。专业课程设置和课程内容中对实践能力的培养较弱,缺乏针对性,不利于学生职业素质的培养,难以适应通信行业的要求。同时,课程结构缺乏层次性和衔接性,并非是纵向深化为主的学习方式,教学内容与行业脱节,难以吸引学生的注意力,易出现"学而不用,用而不学"的尴尬现象。

新工科就是基于国家战略发展新需求、适应国际竞争新形势、满足立德树人新要求而提出的我国工程教育改革方向。探索集前沿技术培养与专业解决方案于一身的教程,面向新工科,有助于解决人才培养中遇到的上述问题,提升高校教学水平,培养满足行业需求的新技术人才,因而具有十分重要的意义。

本套书是面向新工科 5G 移动通信"十三五"规划教材,第一期计划出版 15 本,分别是《光通信原理及应用实践》《数据通信技术》《现代移动通信技术》《通信项目管理与监理》《综合布线工程设计》《数据网络设计与规划》《通信工程设计与概预算》《移动通信室内覆盖工程》《光传输技术》《光宽带接入技术》《分组传送技术》《WLAN 无线通信技术》《无线网络规划与优化》《5G 移动通信技术》《通信全网实践》等教材。套书整合了高校理论教学与企业实践的优势,兼顾理论系统性与实践操作的指导性,旨在打造移动通信教学领域的精品丛书。

本套书围绕我国培育和发展通信产业的总体规划和目标,立足当前院校教学实际场景,构建起完善的移动通信理论知识框架,通过融入中兴教育培养应用型技术技能专业人才的核心目标,建立起从理论到工程实践的知识桥梁,致力于培养既具备扎实理论基础又能从事实践的优秀应用型人才。

本套书的编者来自中兴通讯股份有限公司、广东省新一代通信与网络创新研究院、南京理工大学、中兴教育管理有限公司等单位,包括广东省新一代通信与网络创新研究院院

长朱伏生、中兴通讯股份有限公司牟永建、中兴教育管理有限公司常务副总裁吕其恒、中兴教育管理有限公司舒雪姣、兰剑、刘拥军、阳春、蒋志钊、陈程、徐志斌、胡良稳、黄丹、袁彬、杨晨露等。

张光义

2019 年 8 月

现今，ICT(信息、通信和技术)领域是当仁不让的焦点。国家发布了一系列政策，从顶层设计引导和推动新型技术发展，各类智能技术深度融入垂直领域为传统行业的发展添薪加火；面向实际生活的应用日益丰富，智能化的生活实现了从"能用"向"好用"的转变；"大智物云"更上一层楼，从服务本行业扩展到推动企业数字化转型。中央经济工作会议在部署 2019 年工作时提出，加快 5G 商用步伐，加强人工智能、工业互联网、物联网等新型基础设施建设。5G 牌照发放后已经带动移动、联通和电信在 5G 网络建设的投资，并且国家一直积极推动国家宽带战略，这也牵引了运营商加大在宽带固网基础设施与设备的投入。

5G 时代的技术革命使通信及通信关联企业对通信专业的人才提出了新的要求。在这种新形势下，企业对学生的新技术和新科技认知度、岗位适应性和扩展性、综合能力素质有了更高的要求。为此，2015 年在世界电信和信息社会日以及国际电信联盟成立 150 周年之际，中兴通讯隆重地发布了信息通信技术的百科全书，浓缩了中兴通讯从固定通信到 1G、2G、3G、4G、5G 所有积累下来的技术。同时，中兴教育管理有限公司再次出发，面向教育领域人才培养做出规划，为通信行业人才输出做出有力支撑。

本套书是中兴教育管理有限公司面向新工科移动通信专业学生及对通信感兴趣的初学人士所开发的系列教材之一。以培养学生的应用能力为主要目标，理论与实践并重，并强调理论与实践相结合。通过校企双方优势资源的共同投入和促进，建立以产业需求为导向、以实践能力培养为重点、以产学结合为途径的专业培养模式，使学生既获得实际工作体验，又夯实基础知识，掌握实际技能，提升综合素养。因此，本套书注重实际应用，立足于高等教育应用型人才培养目标，结合中兴教育管理有限公司培养应用型技术技能专业人才的核心目标，在内容编排上，将教材知识点项目化、模块化，用任务驱动的方式安排项目，力求循序渐进、举一反三、通俗易懂，突出实践性和工程性，使抽象的理论具体化、形象化，使之真正贴合实际、面向工程应用。

本套书编写过程中，主要形成了以下特点：

(1)系统性。以项目为基础、以任务实战的方式安排内容，架构清晰、组织结构新颖。先让学生掌握课程整体知识内容的骨架，然后在不同项目中穿插实战任务，学习目标明确，实战经验丰富，对学生培养效果好。

（2）实用性。本套书由一批具有丰富教学经验和多年工程实践经验的企业培训师编写，既解决了高校教师教学经验丰富但工程经验少、编写教材时不免理论内容过多的问题，又解决了工程人员实战经验多却无法全面清晰阐述内容的问题，教材贴合实际又易于学习，实用性好。

（3）前瞻性。任务案例来自工程一线，案例新、实践性强。本套书结合工程一线真实案例编写了大量实训任务和工程案例演练环节，让学生掌握实际工作中所需要用到的各种技能，边做边学，在学校完成实践学习，提前具备职业人才技能素养。

本套书如有不足之处，请各位专家、老师和广大读者不吝指正。以新工科的要求进行技能人才培养需要更加广泛深入的探索，希望通过本套书的不断完善，与各界同仁一道携手并进，为教育事业共尽绵薄之力。

2019 年 8 月

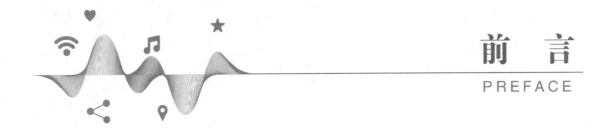

随着网络业务的广泛发展,特别是各类多媒体应用的实时化、工业应用的实用化,用户对网络服务质量的要求越来越高。光纤通信系统由于具有低的传输损耗、宽的传输带宽、远的传输距离等特点,已成为高速数据业务的理想传输通道。本书在介绍光纤通信基本概念和工作原理的基础上,重点介绍了光纤通信的应用及实践操作等内容。

本书在内容和编写上具有以下特点:

(1)知识内容涵盖全面,循序渐进。从光纤基础理论开始,逐步学习并实践光纤网络器材及主流设备的使用方法,配合工程应用中的各类案例进行分析并进一步巩固完善知识内容。

(2)内容注重实际应用及操作。书中介绍了大量光纤网络主流设备的操作使用方法,能够让学生将理论知识与实际应用更好地结合,学以致用。

(3)以任务切入配合案例分析和思考练习,更适合教学。以任务制引入所学知识,通过任务的分解将重要知识点融入学习过程中,同时也强化了技能应用方面的内容,配以每个任务后的思考与练习,全方位地梳理重要知识内容。

本书分为理论篇、实战篇和工程篇,对光通信技术及应用知识进行了详细讲解。其中理论篇主要包含光纤基础理论、光纤的类型、光纤的特性等内容,同时还讲解了光纤半导体激光器、发光二极管、PTN 光系统、WDM 系统、SDH 系统的特性及特点。在实战篇里主要结合项目案例讲解了各类光通信设备和仪表的作用特点和使用方法,例如,如何使用 OTDR设备,利用 OTDR 光谱分析诊断光网络质量,如何使用光功率计等。工程篇主要分析了在光通信网络项目中经常出现的各类典型案例,如"鸳鸯纤"故障案例分析、单纤中断故障案例分析等,通过对案例的深入分析,学习在实际操作中可能会遇到的问题和解决这些问题的办法,提高对知识的全面掌握。

本书适合作为高等院校通信工程、计算机通信专业的教材,也可供从事通信工程技术的人员参考学习。

本书的编写得到中兴通讯等设备厂商的大力支持和鼎力帮助,在此表示衷心的感谢!

鉴于光通信技术的发展迅速,加之编者水平有限,书中难免会有疏漏和不妥之处,敬请广大读者批评指正。

编　者

2019 年 8 月

目 录
CONTENTS

实战篇　常用仪表使用

工程篇　光纤线路故障案例分析

理论篇

讨论光通信原理

 引言

1841 年,Daniel Colladon 和 Jacques Babinet 这两位科学家做了一个简单的实验:

在装满水的木桶上钻个孔,然后用灯从桶上边把水照亮。结果使观众大吃一惊。人们看到,水从水桶的小孔里流了出来,水流弯曲,光线也跟着弯曲。这一现象,叫作光的全内反射作用,即光从水中射向空气,当入射角大于某一角度时,折射光线消失,全部光线都反射回水中。表面上看,光好像在水流中弯曲前进,实际上,在弯曲的水流里,光仍沿直线传播,只不过在内表面发生了多次全反射,光线经过多次全反射向前传播。

1880 年,亚历山大·贝尔(Alexander Graham Bell)发明了"光话机"。贝尔将太阳光聚成一道极为狭窄的光束,照射在很薄的镜子上,当人们发出声音的"声波"让这面薄镜产生振动时,"反射光"强度的变化使得感应的侦测器产生变动,改变"电阻"值。而接收端则利用变化的"电阻"值产生电流,还原成原来的"声波"。不过,他的这项发明仅能传播约 200 m,因为由空气传递的光束,光线强度仍会随距离增加而迅速减弱。

1887 年,一位叫 Charles Vernon Boys 的英国科学家,在一根加热过的玻璃棒附近放了一张弓,当玻璃棒足够热时,把箭射出去,箭带动热玻璃在实验室里拉出了一道长长的纤细玻璃纤维。这无疑让光纤通信的发展又前进了一大步。不过,和 1841 年那次水桶演示后发生的情况一样,实验终归是实验,迈向下一步人们又足足等了 50 年。直到1938 年,美国 Owens Illinois Glass 公司与日本日东纺绩株式会社才开始生产玻璃长纤维。但是,这个时候生产的光纤是裸纤,没有包层。光纤的传播是利用全内反射原理,全内反射角由介质的折射系数决定,裸纤会引起光泄漏,光甚至会从黏附在光纤上的油污泄漏出去。

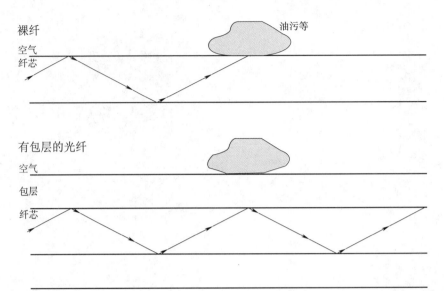

　　1951 年,光物理学家 Brian O'Brian 提出了包层的概念。然后,有人试图用人造黄油作为包层,但并不实用。

　　1956 年,密歇根大学的一位学生制作了第一个玻璃包层光纤,他用一个折射率低的玻璃管熔化到高折射率的玻璃棒上。玻璃包层很快成为标准,后来塑料包层也相继出现。

　　1960 年,Theodore Maiman 向人们展示了第一台激光器,这燃起了人们对光通信的兴趣。激光看起来是很有前途的通信方式,可以解决传输带宽问题,很多实验室开始了实验。不过,很快他们发现,空气并不是激光通信传播的优良介质,受天气的影响太严重。自然,工程师们把目光转移到光纤上。有了包层的光纤,能做成灵活的内窥镜进入人体的咽喉、胃部、结肠,但当其使用于内窥镜中时,光传播 3 m 能量就损失一半。光纤传播损耗太大,不适合于通信,很多工程师放弃了光纤通信的尝试。但总是有些人不肯轻言放弃,他们决定,一定要找出影响光纤损耗的因素到底是什么。终于在 1966 年,年轻的工程师、英籍华人高锟(K. C. Kao)得出了一个光纤通信史上突破性的结论:损耗主要是由于材料所含的杂质引起,并非玻璃本身。

　　1966 年 7 月,高锟就光纤传输的前景发表了具有历史意义的论文。该文分析了造成光纤传输损耗的主要原因,从理论上阐述了有可能把损耗降低到 20 dB/km 的见解,并提出这样的光纤将可用于通信。

　　四年以后,美国康宁公司研制出 20 dB/km 的光纤。康宁公司第一个实现了与理论一致的结果,并突破了高锟所提出的每千米衰减 20 dB 的关卡,证明光纤作为通信介质的可能性。

　　与此同时,使用砷化镓(GaAs)作为材料的半导体激光(Semiconductor Laser),也被贝尔实验室发明出来,并且凭借着体积小的优势而大量运用于光纤通信系统中。至此,光纤才真正开始应用于光纤通信。因此,把 1966 年称为光纤通信的诞生年。

学习目标

- 掌握光纤基础理论知识。
- 掌握光发射器、光接收器、光中继器、光放大器的基本原理等。
- 具备光纤线路的基本建设、设计、维护等能力。

知识体系

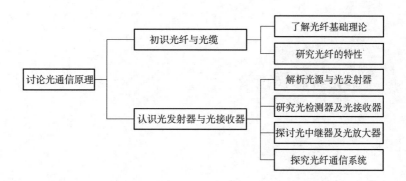

项目一

初识光纤与光缆

任务一　了解光纤基础理论

📺 任务描述

光纤是光导纤维的简称,是一种由玻璃或塑料制成的纤维,可作为光传导工具。在本任务中,将学习光纤结构与类型,以及光纤导光原理。

📋 任务目标

- 识记:光纤的结构及类型。
- 领会:光纤导光原理。
- 应用:波动方程、特征方程以及电磁场表达式在光纤导光原理中的应用。

📝 任务实施

一、认识光纤的结构

光纤是由纤芯和包层同轴组成的双层或多层的圆柱体的细玻璃丝。光纤的外径一般为 $125\sim140~\mu m$,芯径一般为 $3\sim100~\mu m$。光纤是光纤通信系统的传输介质,其作用是在不受外界干扰的条件下,低损耗、小失真地传输光信号。

光纤主要由纤芯和包层组成,最外层还有涂覆层和套塑。其结构如图 1-1-1 所示。

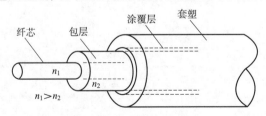

图 1-1-1　光纤的结构示意图

光纤的中心部分是纤芯,其折射率比包层稍高,损耗比包层更低,光能量主要在纤芯内传输;包层是为光的传输提供反射面和光隔离,将光波封闭在光纤中传播,并对纤芯起着一定的机械保护作用。光纤纤芯和包层折射率分别为 n_1 和 n_2。光波在光纤中是通过全反射传播的,因此只有 $n_1 > n_2$ 才能达到传导光波的目的。

为了实现纤芯和包层的折射率差异,需要纤芯和包层的材料不同,目前纤芯的主要成分是石英(二氧化硅)。在石英中掺入其他杂质,就构成了包层。如果要提高石英材料的折射率,可以掺入二氧化锗、五氧化二磷等;如果要降低石英材料的折射率,可以掺入三氧化二硼、氟等。

实际的光纤不是裸露的玻璃丝,而是在光纤的外围附加涂覆层和套塑,主要是保护光纤,增加光纤的强度。

二、介绍光纤的类型

根据光纤的材料成分、折射率、传输模式等分类,主要有以下几种类型。

(一)按材料成分分类

按照光纤的材料来分,一般可分为石英系光纤、掺稀土光纤、复合光纤、氟化物光纤、塑包光纤、全塑光纤、碳涂层光纤和金属涂层光纤 8 种。

1. 石英系光纤

石英玻璃光纤是一种以高折射率的纯石英玻璃(SiO_2)材料为芯,以低折射率的有机或无机材料为包层的光学纤维。石英玻璃光纤传输波长范围宽,数值孔径(NA)大,光纤芯径大,力学性能好,很容易与光源耦合。在信息传输、传感、光谱分析、激光医疗、照明等领域的应用极为广泛。

2. 掺稀土光纤

掺稀土光纤是在光纤的纤芯中,掺杂铒(Er)、钕(Nd)、镨(Pr)等稀土族元素的光纤。1985 年,英国的南安普顿(Southampton)大学的佩恩(Payne)等首先发现掺杂稀土元素的光纤(Rare Earth Doped Fiber)有激光振荡和光放大的作用。目前使用的 1 550 nm 波段的掺铒光纤放大器(EDFA)就是利用掺铒的单模光纤作为激光工作物质的。

3. 复合光纤

复合光纤是在石英玻璃(SiO_2)原料中适当混合氧化钠(Na_2O)、氧化硼(B_2O_2)、氧化钾(K_2O_2)等氧化物制成的光纤。其特点是软化点低,纤芯与包层的折射率差别大,把光束缚在纤芯的能力强,主要应用于医疗业务的光纤窥镜中。

4. 氟化物光纤

氟化物光纤(Fluoride Fiber)是由多种氟化物玻璃制成的光纤。这种光纤原料简称 ZBLAN[氟化锆(ZrF_4)、氟化钡(BaF_2)、氟化镧(LaF_3)、氟化铝(AlF_3)、氟化钠(NaF)等氟化物简化的缩略语]。其工作波长范围为 $2 \sim 10\ \mu m$,具有超低损耗的特点,用于长距离光纤通信,目前尚未广泛实用。

5. 塑包光纤

塑包光纤(Plastic Clad Fiber)是用高纯度的石英玻璃制成纤芯,用硅胶等塑料(折射率比石英稍低)作为包层的阶跃型光纤。它与石英光纤相比,具有纤芯粗、数值孔径大的优点。因此,易与发光二极管(LED)光源结合,损耗也较小。所以,非常适用于局域网(LAN)或者近距离通信。

6. 全塑光纤

全塑光纤(Plastic Optical Fiber)是光纤的纤芯和包层都是用塑料(聚合物)制成。塑料光纤的纤芯直径为 1 000 μm,是单模石英光纤的 100 倍,并且接续很简单,而且易于弯曲,容易施工。在汽车内部或者家庭局域网中得到应用。

7. 碳涂层光纤

碳涂层光纤(Carbon Coated Fiber)是在石英光纤的表面涂敷有碳膜的光纤。其利用碳素的致密膜层,使光纤表面与外界隔离,以改善光纤的机械疲劳损耗和氢分子的损耗。

8. 金属涂层光纤

金属涂层光纤(Metal Coated Fiber)是在光纤表面涂上 Ni、Cu、Al 等金属层的光纤。它在恶劣环境中得到广泛应用。

(二)按折射率分类

按照折射率分布来分,一般可以分为阶跃型光纤和渐变型光纤两种。

1. 阶跃型光纤

如果纤芯折射率(指数)沿半径方向保持一定,包层折射率沿半径方向也保持一定,而且纤芯和包层折射率在边界处呈阶梯形变化的光纤,称为阶跃型光纤,又称均匀光纤。这种光纤一般纤芯直径为 50 ~ 80 μm,特点是信号畸变大。其折射率分布如图 1-1-2(a)所示。

2. 渐变型光纤

如果纤芯折射率沿着半径加大而逐渐减小,而包层折射率是均匀的,这种光纤称为渐变型光纤,又称非均匀光纤。这种光纤一般纤芯直径为 50 μm,特点是信号畸变小。其折射率分布如图 1-1-2(b)所示。

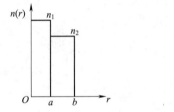 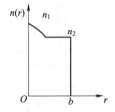

(a) 阶跃型光纤的折射率分布　　　　　　(b) 渐变型光纤的折射率分布

图 1-1-2　阶跃型和渐变型光纤折射率分布

(三)按传输模式分类

模式实际上就是指光纤中一种电磁场场型结构分布形式。不同的模式有不同的电磁场场型。根据光纤中传输模式的数量,可分为单模光纤和多模光纤。

1. 单模光纤

单模光纤是指只能传输基模(HE_{11}),即只能传输一个最低模式的光纤,其他模式均被截止。单模光纤的纤芯直径较小,为 4 ~ 10 μm。通常,纤芯中折射率的分布认为是均匀分布的。由于单模光纤只传输基模,从而完全避免了模式色散,使传输带宽大大加宽。因此,它适用于大容量、长距离的光纤通信。这种光纤的特点是信号畸变小。

2. 多模光纤

多模光纤是指可以传输多种模式的光纤,即光纤传输的是一个模群。多模光纤的纤芯直径约为 50 μm,由于模式色散的存在会使多模光纤的带宽变窄,但其制造、耦合、连接都比单模光纤容易。

三、讨论光纤的导光原理——基于射线理论

光进入光纤后,通过空气、纤芯和包层 3 种介质进行射线传播。其中,空气的折射率为 n_0 ($n_0 \approx 1$),纤芯的折射率为 n_1,包层的折射率为 n_2,在空气与纤芯端面形成的界面 1 上,入射角为 θ_0,折射角为 θ。在纤芯和包层形成的界面 2 上,入射角为 φ_1,折射角为 φ_2。根据光的传输原理可知,光波在光纤中传输会出现临界状态、全反射状态和部分光进入包层 3 种状态。光在光纤中反射和传播如图 1-1-3 所示。

（一）光在临界状态时的传输情况

根据全反射原理,存在一个临界角 θ_c,当 $\theta = \theta_c$ 时,其对应光纤将以当 φ_c 入射到界面 2,并沿界面 2 向前传播,此时 $\varphi_2 = 90°$,这种状态称为临界状态,此时入射角为 φ_c。

临界状态时光波的传输情况如图 1-1-3(a)所示。

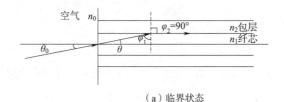

（a）临界状态

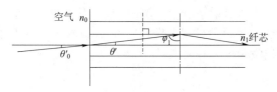

（b）全反射状态

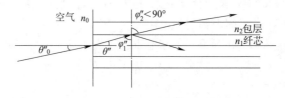

（c）部分先进入包层状态

图 1-1-3　光线的反射与传播

在界面 2 上有

$$\varphi_2 = 90° \tag{1-1-1}$$

$$\varphi_1 = \varphi_c \tag{1-1-2}$$

所以在界面 1 上就有

$$\theta = 90° - \varphi_c \tag{1-1-3}$$

依据斯涅尔(Snell)定律(折射定律)有

$$n_0 \sin \theta_0 = n_1 \sin \theta = n_1 \sin (90 - \varphi_c) = n_1 \cos \varphi_c \qquad (1\text{-}1\text{-}4)$$

因为 $n_0 \approx 1$，所以就有

$$\sin \theta_0 = n_1 \cos \varphi_c \qquad (1\text{-}1\text{-}5)$$

其中

$$\cos \varphi_c = \sqrt{1 - \sin^2 \varphi_c} = \frac{\sqrt{n_1^2 - n_2^2}}{n_1} \qquad (1\text{-}1\text{-}6)$$

所以

$$\sin \theta_0 = \sqrt{n_1^2 - n_2^2} \qquad (1\text{-}1\text{-}7)$$

可见，在第一个界面上入射角为 θ_0，在第二个界面上的入射角为 φ_c 时，为临界状态。

（二）光在纤芯与包层接口上产生全反射传输情况

当光线在空气与纤芯界面上的入射角 $\theta_0' < \theta_0$，而在纤芯与包层界面上的入射角大于 φ_c 时，将出现全反射现象，光将全部反射回纤芯中，如图 1-1-3（b）所示。

当折射角 $\varphi_2 = 90°$ 时，临界角的 φ_c 正弦值为

$$\sin \varphi_c = n_2 / n_1 \qquad (1\text{-}1\text{-}8)$$

可见，φ_c 的大小由纤芯和包层材料的折射率之比来决定。

（三）部分光进入包层的情况

当光线在空气与纤芯界面上的入射角大于 θ_0，而在纤芯与包层界面上的入射角小于 φ_c 时，折射角小于 90°将出现一部分光在纤芯中传播，一部分光折射入包层中，进入包层的光将要损耗掉，如图 1-1-3（c）所示。

总之，利用纤芯与包层接口折射率（$n_1 > n_2$）的关系，当光线在空气与纤芯接口上的入射角小于 θ_0 时，就会在纤芯与包层接口上出现全反射现象，光被封闭在纤芯中以"之"字形曲线向前传输，这时的入射角称为接收角。

四、探讨传导模和数值孔径

当纤芯与包层界面满足全反射条件时，光就会被封闭在纤芯内传输，这样形成的模称为传导模；相反，当纤芯与包层接口不满足全反射条件时，就有部分光在纤芯内传输，部分光折射入包层，这种从纤芯向外辐射的模称为辐射模。

接收角最大值 θ_0 的正弦与 n_0 的乘积，称为光纤的数值孔径，用 NA 表示，即

$$NA = n_0 \sin \theta_0 = \sin \theta_0 \qquad (1\text{-}1\text{-}9)$$

根据式（1-1-7）可知

$$\sin \theta_0 = \sqrt{n_1^2 - n_2^2} = \frac{n_1 \sqrt{(n_1^2 - n_2^2)}}{n_1} \qquad (1\text{-}1\text{-}10)$$

对于弱导光纤，有 $n_1 \approx n_2$，此时

$$\Delta = \frac{(n_1 - n_2)}{n_1} \qquad (1\text{-}1\text{-}11)$$

$$\sin \theta_1 \approx n_1 \sqrt{2\Delta} \qquad (1\text{-}1\text{-}12)$$

式中，Δ 为相对折射率差。

光纤的数值孔径 NA 仅取决于光纤的折射率 n_1 和 n_2，与光纤的直径无关。

NA 表示光纤接收和传输光能力的大小，相对折射率差（Δ）增大，数值孔径（NA）也随之增

大。然而 NA 越大,经光纤传输后产生的信号畸变也越大,因而限制了信息传输容量。对于单模光纤,$\Delta = 0.1\% \sim 0.3\%$;对于阶跃形多模光纤,$\Delta = 0.3\% \sim 3\%$。

五、推导波动方程和电磁场表达式

对于圆柱形光纤,采用圆柱坐标系更合适,假设光纤没有损耗,折射率 n 变化很小,在光纤中传播的是角频率 ω 的单色光,电磁场与时间 t 的关系为 $\exp(\mathrm{j}\omega t)$,则标量波动方程为

$$\nabla^2 E + \left(\frac{n\omega}{c}\right)^2 E = 0 \tag{1-1-13}$$

$$\nabla^2 H + \left(\frac{n\omega}{c}\right)^2 H = 0 \tag{1-1-14}$$

式中,∇ 为梯度;E 和 H 分别为电场和磁场在直角坐标中的任一分量;c 为真空中的光速。选用圆柱坐标 (r, φ, z) (r, φ, z 分别表示圆柱坐标中的径向距离、方位角、高度),使 z 轴与光纤中心轴线一致,如图 1-1-4 所示。将式(1-1-13)在圆柱坐标中展开,得到电场的 z 分量 E_z 的波动方程为

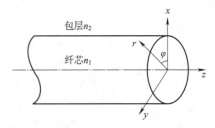

图 1-1-4　光纤中的圆柱坐标

$$\frac{\partial^2 E_z}{\partial r^2} + \frac{1}{r} \cdot \frac{\partial^2 E_z}{\partial r} + \frac{1}{r^2} \cdot \frac{\partial^2 E_z}{\partial \varphi^2} + \frac{\partial^2 E_z}{\partial z^2} + \left(\frac{n\omega}{c}\right)^2 E_z = 0 \tag{1-1-15}$$

磁场分量 H_z 的方程和式(1-1-15)完全相同,不再列出。解方程式(1-1-15),求出 E_z 和 H_z,再通过麦克斯韦方程组求出其他电磁场分量,就得到任意位置的电场和磁场。

把 $E_z(r, \varphi, z)$ 分解为 $E_z(r)$、$E_z(\varphi)$、$E_z(z)$。设光沿光纤轴向(z 轴)传输,其传输常数为 β,则 $E_z(z)$ 应为 $\mathrm{e}^{-\mathrm{j}\beta z}$。由于光纤的圆对称性,$E_z(\varphi)$ 应为方位角 φ 的周期函数,设为 $\mathrm{e}^{\mathrm{j}v\varphi}$,$v$ 为整数。现在 $E_z(r)$ 为未知函数,利用这些表达式,电场 z 分量可以写成

$$E_z(r, \varphi, z) = E_z(r) \mathrm{e}^{\mathrm{j}(v\varphi - \beta z)} \tag{1-1-16}$$

把式(1-1-16)代入式(1-1-15)得到

$$\frac{\mathrm{d}^2 E_z(r)}{\mathrm{d}r^2} + \frac{1}{r} \cdot \frac{\mathrm{d}E_z(r)}{\mathrm{d}r} + \left(n^2 k^2 - \beta^2 - \frac{v^2}{r^2}\right) E_z(r) = 0 \tag{1-1-17}$$

式中,$k = 2\pi/\lambda = 2\pi f/c = \omega/c$;$\lambda$ 和 f 为真空中光的波长和频率。

这样就把分析光纤中的电磁场分布,归结为求解贝塞尔(Bessel)方程,见式(1-1-17)。

设纤芯($0 \leqslant r \leqslant a$)折射率 $n(r) = n_1$,包层($r \geqslant a$)折射率 $n(r) = n_2$,实际上阶跃型多模光纤和常规单模光纤都满足这个条件。为求解方程式(1-1-17),引入无量纲参数 u、w 和 V。

$$\left. \begin{array}{l} u^2 = a^2(n_1^2 k^2 - \beta^2) \quad (0 \leqslant r \leqslant a) \\ w^2 = a^2(\beta^2 - n_2^2 k^2) \quad (r \geqslant a) \\ V^2 = u^2 + w^2 = a^2 k^2 (n_1^2 - n_2^2) \end{array} \right\} \tag{1-1-18}$$

式中,u 为导波模的横向;r 为归一化相位常数;w 为导波模的横向归一化衰减常数;β 称为纵向(z)传播常数,V 为光纤的归一化频率。利用这些参数,把式(1-1-17)分解为两个贝塞尔微分方程,即

$$\frac{\mathrm{d}^2 E_z(r)}{\mathrm{d}r^2} + \frac{1}{r} \cdot \frac{\mathrm{d}E_z(r)}{\mathrm{d}r} + \left(\frac{u^2}{a^2} + \frac{v^2}{r^2}\right) E_z(r) = 0 \tag{1-1-19}$$

$$\frac{\mathrm{d}^2 E_a(r)}{\mathrm{d}r^2} + \frac{1}{r}\frac{\mathrm{d}E_z(r)}{\mathrm{d}r} + \left(\frac{w^2}{a^2} + \frac{v^2}{r^2}\right)E_z(r) = 0 \qquad (1\text{-}1\text{-}20)$$

因为光能量要在纤芯$(0 \leqslant r \leqslant a)$中传输,在$r=0$处,电磁场应为有限实数;在包层$(r \geqslant a)$,光能量沿径向$r$迅速衰减,当$r \to \infty$时,电磁场应消失为零。根据这些特点,式(1-1-19)的解应取v阶贝塞尔函数$J_v(ur/a)$,而式(1-1-20)的解则应取v阶修正的贝塞尔函数$K_v(wr/a)$。在纤芯和包层的电场$E_z(r,\varphi,z)$和磁场$H_z(r,\varphi,z)$表达式为

$$\left.\begin{array}{ll}
E_{z1}(r,\varphi,z) = A\dfrac{J_v(ur/a)}{J_v}\mathrm{e}^{\mathrm{j}(v\varphi-\beta\pi)} & (0 \leqslant r \leqslant a) \\[3mm]
H_{z1}(r,\varphi,z) = B\dfrac{J_v\left(\dfrac{ur}{a}\right)}{J_v}\mathrm{e}^{\mathrm{j}(v\varphi-\beta\pi)} & (0 \leqslant r \leqslant a) \\[4mm]
E_{z2}(r,\varphi,z) = A\dfrac{K_v(wr/a)}{K_v(w)}\mathrm{e}^{\mathrm{j}(v\varphi-\beta\pi)} & (r \geqslant a) \\[3mm]
H_{z2}(r,\varphi,z) = B\dfrac{K_v\left(\dfrac{wr}{a}\right)}{K_v(w)}\mathrm{e}^{\mathrm{j}(v\varphi-\beta\pi)} & (r \geqslant a)
\end{array}\right\} \qquad (1\text{-}1\text{-}21)$$

式中,下标1和2分别表示纤芯和包层的电磁场分量;A和B为待定常数,由激励条件定。$J_v(u)$和$K_v(w)$如图1-1-5所示,$J_v(u)$类似于振幅逐渐衰减的正弦曲线,$K_v(w)$类似于指数衰减曲线。

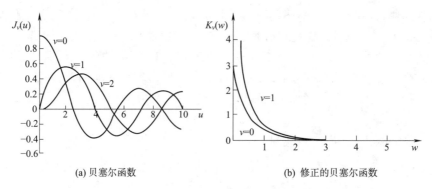

(a) 贝塞尔函数　　　　　　　　(b) 修正的贝塞尔函数

图 1-1-5　两种第一类贝塞尔函数

式(1-1-21)表明,光纤传输模式的电磁场分布和性质取决于特征参数u、w和β的值。u和w决定纤芯和包层横向(r)电磁场的分布,称为横向传输常数;β决定纵向(z)电磁场分布和传输性质,所以称为(纵向)传输常数。

六、研究特征方程与传输模式

由式(1-1-21)确定光纤传输模式的电磁场分布和传输性质,必须求得u、w和β的值。由式(1-1-18)可看到,在光纤基本参数n_1、n_2、a和k已知的条件下,u和w只和β有关。利用边界条件,导出β满足的特征方程,就可以求得和β、w的值。

由式(1-1-21)确定电磁场的纵向分量E_z和H_z后,就可以通过麦克斯韦方程组得出电磁场横向分量E_r、H_r和E_f、H_f的表达式。因为电磁场强度的切向分量在纤芯包层交界面连续,在$r=a$处应该有

$$E_{z1} = E_{z2} \quad H_{z1} = H_{z2}$$
$$E_{f1} = E_{f2} \quad H_{f1} = H_{f2} \tag{1-1-22}$$

由式(1-1-21)可知,E_z 和 H_z 已自动满足边界条件的要求。由 E_f 和 H_f 的边界条件导出 β 满足的特征方程为

$$\left[\frac{J_v'(u)}{u J_v(u)} + \frac{K_v'}{w K_v(w)} \right]\left[\frac{n_1^2}{n_2^2}\frac{J_v'(u)}{u J_v(w)} + \frac{K_v'}{w K_v(w)} \right] = v^2\left(\frac{1}{u^2} + \frac{1}{w^2} \right)\left(\frac{n_1^2}{n_2^2}\cdot\frac{1}{u^2} + \frac{1}{w^2} \right) \tag{1-1-23}$$

这是一个超越方程,由这个方程和式(1-1-18)定义的特征参数 V 联立,就可求得 β 值。但数值计算十分复杂,其结果示于图 1-1-6 中。图中 TM、TE、HE、EH 表示的意义见下面"(一)分析模式截止"的内容,纵坐标传输常数 β 取值范围为

$$n_2 k \leqslant \beta \leqslant n_1 k \tag{1-1-24}$$

相当于归一化传输常数 b 的取值范围为 $0 \leqslant b \leqslant 1$,有

$$b = \frac{w^2}{v^2} = \frac{(\beta/k)^2 - n_2^2}{n_1^2 - n_2^2} \tag{1-1-25}$$

横坐标 V 称为归一化频率,根据式(1-1-18)得到

$$V = \frac{2\pi a}{\lambda}\sqrt{n_1^2 - n_2^2} \tag{1-1-26}$$

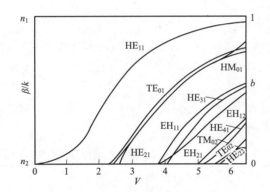

图 1-1-6 若干低阶模式归一化传输常数随归一化频率变化的曲线

图 1-1-6 中每一条曲线表示一个传输模式的 β 随 V 的变化,所以式(1-1-23)又称色散方程。对于光纤传输模式,有两种情况非常重要:一种是模式截止;另一种是模式远离截止。分析这两种情况的 u、w 和 β,对了解模式特性很有意义。

(一)分析模式截止

由修正的贝塞尔函数的性质可知,当 $(wr/a) \to \infty$ 时,$K_v(wr/a) \to \exp(-wr/a)$,要求在包层电磁场消失为零,即 $\exp(-wr/a) \to 0$,必要条件是 $w > 0$。如果 $w < 0$,电磁场将在包层振荡,传输模式将转换为辐射模式,使能量从包层辐射出去。$w = 0(\beta = n_2 k)$ 介于传输模式和辐射模式的临界状态,这个状态称为模式截止。u、w 和 β 值记为 u_c、w_c 和 β_c,此时 $V = V_c = u_c$。

对于每个确定的 v 值,可以从特征方程式(1-1-23)求出一系列 u_c 值,每个 u_c 值对应一定的模式,决定其 β 值和电磁场分布。

当 $v = 0$ 时,电磁场可分为两类:一类只有 E_z、E_r 和 H_φ 分量,$H_z = H_r = 0$,$E_\varphi = 0$,这类在传输方向无磁场的模式称为横磁模(波),记为 TM_{0u};另一类只有 H_z、H_r 和 E_φ 分量,$E_z = E_r = 0$,$H_f = 0$,

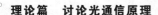

这类在传输方向无电场的模式称为横电模(波),记为 TE_{0u}。在微波技术中,金属波导传输电磁场的模式只有 TM 波和 TE 波。

当 $v \neq 0$ 时,电磁场 6 个分量都存在,这些模式称为混合模(波)。混合模也有两类:一类 $E_z < H_z$,记为 HE_{vu},另一类 $E_z > H_z$,记为 EH_{vu}。下标 v 和 u 都是整数。第一个下标 v 是贝塞尔函数的阶数,称为方位角模数,它表示在纤芯沿方位角绕一圈电场变化的周期数。第二个下标 u 是贝塞尔函数的根按从小到大排列的序数,称为径向模数,它表示从纤芯中心($r=0$)到纤芯与包层交界面($r=a$)电场变化的半周期数。

(二)讨论模式远离截止

当 $v \to \infty$ 时,w 增加很快,当 $w \to \infty$ 时,u 只能增加到一个有限值,这个状态称为模式远离截止,其 u 值记为 u_∞。

波动方程和特征方程的精确求解都非常繁杂,一般要进行简化。大多数通信光纤的纤芯与包层相对折射率差 Δ 都很小(如 $\Delta < 0.01$),因此有 $n_1 \approx n_2 \approx n$ 和 $\beta = n_k$ 的近似条件。这种光纤称为弱导光纤,对于弱导光纤 β 满足的本征方程可以简化为

$$\frac{u J_v \pm 1}{J_v(U)} = \pm \frac{w K_{v \pm 1}(w)}{K_v(w)} \tag{1-1-27}$$

式中,$J_v(u)$ 为 v 阶贝塞尔函数;$K_v(w)$ 为 v 阶修正的贝塞尔函数。

由此得到的混合模 HE_{v+1u} 和 EH_{v-1u}(如 HE_{31} 和 EH_{11})传输常数 β 相近,电磁场可以线性叠加。用直角坐标代替圆柱坐标,使电磁场由 6 个分量简化为 4 个分量,得到 E_y、H_x、E_z、H_z 或与之正交的 E_x、H_y、E_z、H_z。这些模式称为线性偏振(Linearly Polarized)模,并记为 LPH_{vu}。LP_{0u} 即 HE_{1u},LP_{1u} 由 HE_{2u} 和 TE_{0u}、TM_{0u} 组成,包含 4 重简并,$LPH_{vu}(v>1)$ 由 HE_{v+1u} 和 EH_{v-1u} 组成,包含 4 重简并。

若干低阶 LP_{vu} 模简化的本征方程和相应的模式截止值 u_c 和远离截止值 u_∞ 列于表 1-1-1 中,这些低阶模式和相应的 V 值范围列于表 1-1-2 中。

表 1-1-1　LP_{vu} 截止值和远离截止值

方位角模数	$w \to 0$ 本征方程	$w \to \infty$ 本征方程	截止值 u_c		远离截止值 u_∞		
$v=0$	$J_1(u_c)=0$	$J_0(u_\infty)=0$	u_c	0	3.832	7.016	10.173…
			u_∞	2.405	5.520	8.654	11.793…
			LP_{0u}	LP_{01}	LP_{02}	LP_{03}	LP_{04} …
$v=1$	$J_0(u_c)=0$	$J_1(u_\infty)=0$ $U_\infty \neq 0$	u_c	2.405	3.832	7.016	10.173…
			u_∞	3.832	7.016	10.173	13.237…
			LP_{0u}	LP_{11}	LP_{12}	LP_{13}	LP_{14} …

表 1-1-2　低阶($v=0$ 和 $v=1$)模式和相应的 V 值范围

V 值范围	低阶模式			
0 ~ 2.405	LP_{01}	HE_{11}		
2.405 ~ 3.832	LP_{11}	HE_{21}	TM_{01}	TM_{11}
3.832 ~ 5.520	LP_{02}	HE_{12}		
5.520 ~ 7.016	LP_{12}	HE_{22}	TM_{021}	TM_{02}
7.016 ~ 8.654	LP_{03}	HE_{13}		
8.654 ~ 10.173	LP_{13}	HE_{23}	TM_{03}	TM_{03}

![icon] **任务小结**

通过本任务的学习我们对光纤的结构、光纤的分类方法、光纤的导光原理以及波动方程、特征方程与电磁场表达式在光纤通信中的应用有了一定的了解。

※思考与练习

一、填空题

1. 写出光在真空的速度 c、在介质中的速度 v 和折射率 n 之间的关系_____。

2. 单模光纤是指在给定的工作波长上,只传输_____的光纤。

3. 单模光纤的波长色散分为_____色散、_____色散和光纤色散。

二、判断题

1. NA 表示光纤接收和传输光的能力,NA 越大,光纤接收光的能力越强。　　　　（　　）

2. 目前光纤通信 3 个实用的低损耗工作窗口是 0.85 μm、1.31 μm、1.55 μm。　（　　）

3. 光纤是由纤芯和包层同轴组成的双层或多层的圆柱体的细玻璃丝。　　　　（　　）

三、选择题

1. 要使光纤导光必须使（　　　）。

　　A. 纤芯折射率小于包层折射率　　　　　　B. 纤芯折射率大于包层折射率

　　C. 纤芯折射率是渐变的　　　　　　　　　D. 纤芯折射率是均匀的

2. 光纤是利用光的（　　　）现象传送光信号的。

　　A. 折射　　　　　　　　　　　　　　　　B. 散射

　　C. 全反射　　　　　　　　　　　　　　　D. 辐射

四、简答题

简述光纤有哪些类型。

任务二　研究光纤的特性

![icon] **任务描述**

反映光波传输正常与否的性能即光纤特性,主要包括光纤的传输特性、几何特性、光学特性、机械性能和环境性能,常用各种参数表示。表示光纤传输特性的主要参数有衰减系数、多模光纤的带宽、单模光纤的色散系数和截止波长。

![icon] **任务目标**

● 领会:光纤的机械特性、温度特性。

- 应用:光纤的损耗特性、色散特性。

任务实施

一、分析光纤的损耗特性

(一)光纤损耗的原因

光能在光纤中传播时,会有一部分光能被光纤内部吸收,有一部分光可能辐射到光纤的外部,从而使光能减少,进而产生损耗。由于损耗的存在,使光信号在光纤中传输的幅度减小,在很大程度上限制了系统的传输距离。光纤的损耗分为吸收损耗和散射损耗两种,其中吸收损耗是光波通过光纤材料时,有一部分光能变成热能,造成光功率的损失。散射损耗是由于光纤的材料、形状、折射率分布等的缺陷或不均匀,使光纤中传导的光发生散射,由此产生的损耗为散射损耗,即

$$\alpha = \frac{10}{L}\lg\frac{P_1}{P_2} \tag{1-2-1}$$

式中,α 为光纤损耗系数;L 为光纤的长度,单位 km;P_1 和 P_2 分别为输入光功率和输出光功率,单位 W。损耗与波长的关系曲线称为损耗特征曲线谱,如图 1-2-1 所示。

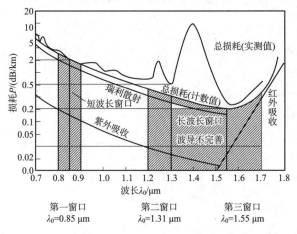

图 1-2-1 光纤的损耗特征曲线谱

从光纤的损耗特征曲线谱可以看到,损耗出现的最高峰,称为吸收峰。损耗较低所对应的波长,称为窗口。常说的光纤有 3 个低损耗窗口,波长分别为:

(1)$\lambda_0 = 0.85$ μm 短波长波段。

(2)$\lambda_0 = 1.31$ μm 长波长波段。

(3)$\lambda_0 = 1.55$ μm 长波长波段。

产生光纤损耗的原因很复杂,主要与光纤材料本身的特性有关;其次,制造工艺也影响光纤的损耗,影响损耗的制造工艺因素很多,归结起来主要有吸收损耗和散射损耗两种。损耗产生的原因总结为以下几点:

(1)光纤的电子跃迁和分子的振动都要吸收一部分光能,造成光的损耗,产生衰减。

(2)光纤原料中存在的过渡金属离子(如铁、铬、钴、铜等)杂质,在光照下产生振动和电子跃迁,产生衰减。

（3）熔融的石英玻璃中含有水,水分子中的氢氧根离子振动也会吸收一部分光能,产生衰减。

（4）光在光纤中存在瑞利散射,产生衰减。

（5）光纤接头和弯曲,产生衰减。

（二）测量光纤的损耗特性

光纤损耗测量主要有剪断法、插入法和背向散射法 3 种基本方法。

1. 剪断法

由式（1-2-1）可见,只要测量长度为 L_2 的长光纤输出光功率 P_2,保持注入条件不变,在注入装置附近剪断光纤,保留长度为 L_1（一般为 2 ~ 3 m）的短光纤,测量其输出光功率 P_1（即长度为 $L = L_2 - L_1$ 这段光纤的输入光功率）,根据式（1-2-1）就可以计算出 α 值。剪断法光纤损耗测量系统框图如图 1-2-2 所示。

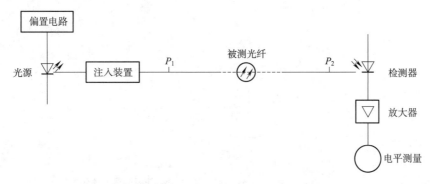

图 1-2-2　剪断法光纤损耗测置系统框图

对于损耗谱的测量要求采用光谱宽度很宽的光源（如卤灯或发光二极管）和波长选择器（如单色仪或滤光片）,测出不同波长的光功率 $P_1(\lambda)$ 和 $P_2(\lambda)$,然后计算 $\alpha(\lambda)$ 值。

2. 插入法

剪断法是根据损耗系数的定义,直接测量传输光功率实现的,所用仪器简单,测量结果准确,因而被确定为基准方法。但这种方法是破坏性的,不利于多次重复测量。在实际应用中,可以采用插入法作为替代方法。插入法是在注入装置的输出和光检测器的输入之间直接连接,测出光功率 P_1,然后在两者之间插入被测光纤,再测出光功率 P_2,据此计算 α 值。这种方法可以根据工作环境,灵活运用,但应对连接损耗进行合理的修正。

3. 背向散射法

瑞利散射光功率与传输光功率成比例。利用与传输光相反方向的瑞利散射光功率来确定光纤损耗系数的方法,称为背向散射法。

设在光纤中正向传输光功率为 P,经过 L_1 和 L_2 点（$L_1 < L_2$）时分别为 P_1 和 P_2（$P_1 > P_2$）,从这两点返回输入端（$L = 0$）。光检测器的背向散射光功率分别为 $P_d(L_1)$ 和 $P_d(L_2)$,经分析推导得到正向和反向平均损耗系数为

$$\alpha = \frac{10}{2(L_2 - L_1)} \lg \frac{P_d(L_1)}{P_d(L_2)} \tag{1-2-2}$$

式中,右边分母中因子 2 是光经过正向和反向两次传输产生的结果。

背向散射法不仅可以测量损耗系数,还可利用光在光纤中传输的时间来确定光纤的长度 L。显然,有

$$L = \frac{ct}{2 n_1} \tag{1-2-3}$$

式中，c 为真空中的光速；n_1 为光纤的纤芯折射率；t 为光脉冲的往返传播时间。

图 1-2-3 所示为背向散射法光纤损耗测量系统框图。光源应采用特定波长稳定的大功率激光器，调制的脉冲宽度和重复频率应和所要求的长度分辨率相适应。耦合器件把光脉冲注入被测光纤，又把背向散射光注入光检测器。光检测器应有很高的灵敏度。

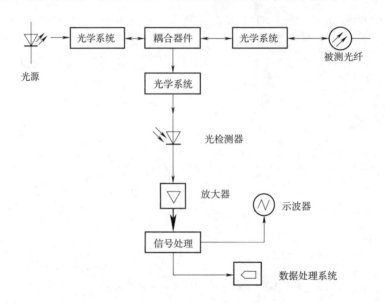

图 1-2-3　背向散射法光纤损耗测量系统框图

用背向散射法的原理设计的测量仪器称为光时域反射仪（OTDR）。这种仪器采用单端输入和输出，不破坏光纤，使用非常方便。OTDR 不仅可以测量光纤损耗系数和光纤长度，还可以测量连接器和接头的损耗，观察光纤沿线的均匀性和确定故障点的位置，确实是光纤通信系统工程现场测量不可缺少的工具。

二、研究光纤的色散特性

（一）定义光纤的色散

光脉冲在通过光纤传播期间，其波形在时间上发生了展宽，这种现象称为色散。色散用色散系数来表示，单位为 ps/（nm·km）。

色散一般包括模式色散、材料色散和波导色散 3 种，前一种色散是由于信号不是单一模式所引起的，后两种色散是由于信号不是单一频率而引起的。

模式色散是由于不同模式的传播时间不同而产生的，它取决于光纤的折射率分布，并和光纤材料折射率的波长特性有关，如图 1-2-4 所示。

材料色散是由于光纤的折射率随波长而改变，以及模式内部不同波长成分的光（实际光源不是纯单色光）其传播时间不同而产生的。这种色散取决于光纤材料折射率的波长特性和光源的谱线宽度。

波导色散是由于波导结构参数与波长有关而产生的，它取决于波导尺寸和纤芯与包层的相对折射率差。

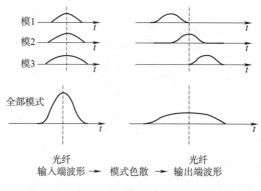

图 1-2-4　模式色散波形

色散将导致光脉冲在光纤中传输时的脉冲展宽,从而限制了脉冲的频带宽度,可能造成码间串扰,使通信距离变短。

对于单模光纤来说,主要是材料色散和波导色散;而对于多模光纤来说,模式色散占主要地位。下面仅介绍单模光纤的情况。

由于单模光纤中只传输基模,因此,理想单模光纤没有模式色散,只有材料色散和波导色散,这两种色散都属于频率色散。它们是传播时间随波长变化产生的结果。

从前面分析得出,阶跃型光纤纤芯的折射率为 n_1,纤芯的半径为 n_2,波导的半径为 α,波导的归一化相位见式(1-2-4),其中 $k_0 = 2\pi/\lambda_0$。

$$U^2 = a^2(k_0^2 n_1^2 - \beta^2) \tag{1-2-4}$$

波导的归一化衰减常数为

$$W^2 = a^2(\beta^2 - k_0^2 n_2^2) \tag{1-2-5}$$

得出光纤的归一化频率为

$$V^2 = U^2 + W^2 = k_0^2 a^2(n_1^2 - n_2^2) \tag{1-2-6}$$

$$\frac{U^2}{V^2} = \frac{a^2(k_0^2 n_1^2 - \beta^2)}{k_0^2 a^2(n_1^2 - n_2^2)} = \frac{k_0^2 n_1^2 - \beta^2}{k_0^2(n_1^2 - n_2^2)} \tag{1-2-7}$$

整理后可得出

$$\beta^2 = k_0^{20} n_1^2 - k_0^2(n_1^2 - n_2^2)\frac{U^2}{V^2} \tag{1-2-8}$$

运用关系式 $\Delta = \dfrac{n_1^2 - n_2^2}{2n_1^2}$ 并代入式(1-2-8),得

$$\beta^2 = k_0^2 n_1^2 - k_0^2 n_1^2 2\Delta\frac{U^2}{V^2} = k_0^2 n_1^2\left(1 - 2\Delta\frac{U^2}{V^2}\right) \tag{1-2-9}$$

则

$$\beta = k_0 n_1\left(1 - 2\Delta\frac{U^2}{V^2}\right)^{\frac{1}{2}} \tag{1-2-10}$$

此式用二项式定理展开,并只取前两项,得出近似式为

$$\beta \approx k_0 n_1\left(1 - \Delta\frac{U^2}{V^2}\right) \tag{1-2-11}$$

对于弱导波光纤,折射率差可用近似式代替

$$\Delta \approx \frac{n_1 - n_2}{n_1} \qquad (1\text{-}2\text{-}12)$$

将其代入式(1-2-11),得出相位常数 β 的解析式为

$$\beta = k_0 n_1 \left(1 - \frac{n_1 - n_2}{n_1}\frac{U^2}{V^2}\right) = k_0 n_1 - k_0(n_1 - n_2)\frac{U^2}{V^2} \qquad (1\text{-}2\text{-}13)$$

(二)测量光纤色散特性

光纤色散测量有相移法、脉冲时延法和干涉法等。这里只介绍相移法,这种方法是测量单模光纤色散的基准方法。

用角频率为 ω 的正弦信号调制的光波,经长度为 L 的单模光纤传输后,其时间延迟 τ 取决于光波长 λ。不同时间延迟产生不同的相位 φ。用波长为 λ_1 和 λ_2 的受调制光波,分别通过被测光纤,由 $\Delta\lambda = \lambda_2 - \lambda_1$ 产生的时间延迟差为 $\Delta\tau$,相位移为 $\Delta\varphi$。波长色散系数就是单位波长间隔内各频率成分通过单位长度光纤所产生的色散(时间差)。根据波长色散系数定义有

$$C(\lambda)L = \frac{\Delta\tau}{\Delta\lambda} \qquad (1\text{-}2\text{-}14)$$

用 $\Delta\tau = \Delta\varphi/\omega$ 代入式(1-2-14),得到

$$C(\lambda) = \frac{\Delta\varphi}{L\omega\Delta\lambda} \qquad (1\text{-}2\text{-}15)$$

图 1-2-5 所示为相移法光纤色散测量系统框图。用高稳定度振荡器产生的正弦信号调制光源,输出光经光纤传输和光检测器放大后,由相位计测出相位。可变波长的光源可以由发光二极管(LED)和波长选择器组成,也可以由不同中心波长的激光器(LD)组成。为避免测量误差,一般要测量一组 $\lambda_i - \varphi_i$ 值,再计算出 $C(\lambda)$。

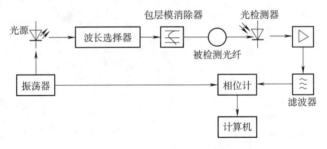

图 1-2-5　相移法光纤色散测量系统框图

三、了解光纤的机械特性

为了保证光纤在实际应用时不断裂,而且在各种环境下使用时具有长期的可靠性,要求光纤必须具有一定的机械强度。

众所周知,目前构成光纤的材料是 SiO_2,要被拉成 125 μm 的细丝,在拉丝过程中,光纤的抗拉强度为 98~196 MPa,若拉丝后立即在光纤表面进行涂覆,抗拉强度可达 3 920 MPa。这里要讨论的机械特性主要是指光纤的强度和寿命。

这里所说的光纤的强度是指抗张强度。当光纤受到的张力超过它的承受能力时,光纤就将断裂。

对于光纤抗断强度,和涂覆层的厚度有关。当涂覆层厚度为 5 ~ 10 μm 时,抗断强度为 3 234 MPa;涂覆层厚度为 62 μm 时,抗断强度则可达到 5 194 MPa。

造成光纤断裂的原因,是由于光纤在生产过程中预制棒本身表面有缺陷,在受到张力时,由于应力集中在伤痕处,当张力超过一定范围时,就会造成光纤的断裂。

为了保证光纤能具有 20 年以上的使用寿命,光纤应进行强度筛选试验,只有强度符合要求的光纤才能用来成缆。

国外对光纤强度的要求如表 1-2-1 所示。

表 1-2-1　国外对光纤强度的要求

用　　途	拉伸应变/%	张力/%
陆地防潮光缆	0.5	430
水深在 1 500 m 以内光缆	> 1	860
水深在 1 500 m 以上光缆	> 2.2	1.9×10^3

光纤容许应变包括:

(1)成缆时光纤的应变。

(2)敷设光缆时,由于某些因素的影响而使光纤发生的应变。

(3)工作环境温度的变化引起光纤的应变。

国外数据认为,当光纤的拉伸应变为 0.5% 时,其寿命可达 20 ~ 40 年。

四、认识光纤的温度特性

光纤的损耗可用光纤的衰减系数来描述,而光纤的衰减系数与光纤通信系统的工作环境有直接关系,也就是它受温度的影响而增加,尤其表现在低温区域。使光纤衰减系数增加的主要原因,是光纤的微弯损耗和弯曲损耗。

光纤因温度变化产生微弯损耗是由于热胀冷缩所造成的。由物理学可知,构成光纤的 SiO_2 的热膨胀系数很小,在温度降低时几乎不收缩。而光纤在成缆过程中必须经过涂覆和加上一些其他构件,涂覆材料及其他构件的膨胀系数较大,当温度降低时,收缩比较严重,所以当温度变化时,材料的膨胀系数不同,将使光纤产生微弯,尤其表现在低温区。

光纤的附加损耗与温度之间的变化曲线如图 1-2-6 所示。从图中可以看出,随着温度的降低,光纤的附加损耗逐渐增加,当温度降至 −55℃ 左右,附加损耗急剧增加。

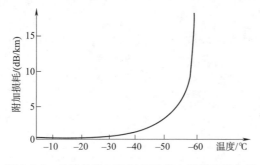

图 1-2-6　光纤的附加损耗与温度之间的变化曲线

因此,在设计光纤通信系统时,必须考虑光缆的高、低循环时延,以检验光纤的损耗是否符合指标要求。

任务小结

通过本任务的学习,可掌握光纤损耗原理及测量方法、光纤色散原理及测量方法;了解光纤的机械特性与温度特性。

※思考与练习

一、填空题

1. 光纤通信 3 个实用的低损耗工作窗口是 0.85 μm、_____ 和 _____。

2. 在光纤通信中,中继距离受光纤_____和_____制约。

3. 色散的常用单位是 ps/(km·nm),G.652 光纤的中文名称是_____,它的 0 色散点在 1.31 μm 附近。

4. 光纤的色散分为_____色散、_____色散、_____色散。

二、判断题

1. 通常单模光纤的纤芯半径在几微米之内,这是从物理尺度上保证单模传输的必要条件。
(　　)

2. 渐变型多模光纤具有自聚焦特性,故其没有模式色散。(　　)

3. 光纤色散系数的单位是 ps/(km·nm)。(　　)

4. 表示光纤色散程度的物理量是时延。(　　)

5. 光纤损耗测量主要有剪断法、插入法和背向散射法 3 种基本方法。(　　)

三、选择题

1. 在阶跃型光纤中,当模式处于截止的临界状态时,其特性参数(　　)。

  A. $W=0$ B. $\beta=0$

  C. $V=0$ D. $U=0$

2. 在渐变型光纤中,不同入射角的光线会聚于同一点的现象称为(　　)效应。

  A. 自聚焦   B. 自变陡

  C. 色散   D. 张弛

3. 表示光纤色散程度的物理量是(　　)。

  A. 时延   B. 相位差

  C. 时延差   D. 速度差

四、简答题

简述光纤损耗的原因。

项目二
认识光发射器与光接收器

任务一 解析光源及光发射器

任务描述

光发射机的作用是将从复用设备送来的 HDB3 信码变换成 NRZ 码;接着将 NRZ 码编为适合在光缆线路上传输的码型;最后再进行电/光转换,将电信号转换成光信号并耦合进光纤。

任务目标

- 识记:能级的概念,激光器的发光原理,半导体激光器的结构、原理及特性,光源的直接调制与间接调制,调制信号的码型。
- 领会:其他激光器的原理、发光二极管的发光原理及工作特性。
- 应用:半导体光源与系统、数字光发射机。

任务实施

一、熟悉光源及光发射器

(一)了解能级的跃迁

1. 能级的概念

在物质的原子中,原子由原子核和绕核运动的电子组成。核外电子在进行高速运动的时候,轨迹并不是圆形,有时距离原子核较近,有时距离原子核较远,所以电子的势能不断在变化。把电子具有的内能称为粒子的能级,电子在原子核外就存在许多能级,最低能级 E_1 称为基态,能量比基态大的能级 $E_i(i=2,3,4,\cdots)$ 称为激发态。

通常,绝大部分粒子处于基态,只有较少数的粒子被激发到高能级,且能级越高,处于该能级的粒子数越小。在热平衡状态时,粒子在各能级之间的分布符合费米统计规律,其数学表达式为

$$f(E) = \frac{1}{1 + \exp\left[(E - E_f)/k_0 T\right]} \tag{2-1-1}$$

式中,$f(E)$ 是能量为 E 的能级被一个电子占据的概率,称为费米分布函数;$k_0 = 1.38 \times 10^{-23}\,\text{J/K}$ 为玻尔兹曼常量;T 为绝对温度;E_f 为费米能级,它与物质的特性有关。

对于 E_f 以下的所有能级,电子占据的可能性大于 $1/2$,对于 E_f 以上的所有能级,电子占据的可能性小于 $1/2$。

2. 能级跃迁

有源器件的物理基础是光和物质相互作用的效应。原子中的电子可通过与外界交换能量的方式发生跃迁,跃迁过程中交换的能量有热能、光能等,这里只讨论光能的交换。

电子在低能级 E_1 的基态和高能级 E_i 的激发态之间位置变化称为跃迁,电子在原子核外的跃迁有 3 种基本方式:自发辐射、受激辐射和受激吸收。为了简便,只考虑粒子的两个能级 E_1 和 E_2,如图 2-1-1 所示,以此为例讨论上述 3 种过程。图 2-1-1 所示为半导体光源的发光机理示意图。

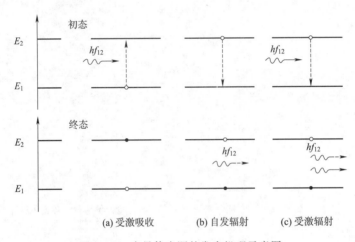

图 2-1-1　半导体光源的发光机理示意图

(1)在正常状态下,电子处于低能级 E_1,在入射光作用下,它会吸收光子的能量跃迁到高能级 E_2 上,这种跃迁称为受激吸收。电子跃迁后,在低能级 E_1 留下相同数目的空穴,如图 2-1-1(a)所示。

(2)处于高能级 E_2 上的电子是不稳定的,即使没有外界的作用,也会自发地跃迁到低能级 E_1 上与空穴复合,释放的能量转为光子辐射出去,这种跃迁称为自发辐射,如图 2-1-1(b)所示。自发辐射的特点是:各个处于高能级的粒子都是自发、独立地进行跃迁,其辐射光子的频率不相同,所以自发辐射的频率范围是很宽的。即使有些粒子在相同的能级间跃迁,频率相同,但它们发射的方向和相位也是不同的。例如,普通的光、灯光等就是这种光,它们由不同频率、不同方向、不同相位和不同偏振方向的光子组成,称为非相干光。

(3)处于高能级 E_2 的电子,受到入射光的作用,被迫跃迁到低能级 E_1 上与空穴复合,释放的能量产生光辐射,产生两个光子,这两个光子不仅频率相同,而且相位、偏振方向、运动方向都相同,称为全同光子。这种跃迁称为受激辐射,如图 2-1-1(c)所示。因受激辐射而产生的光子与激发光子相叠加,可以使入射的光得到放大。固体激光器、液体激光器、气体激光器及半导体激光器都是利用受激辐射过程来产生激光的。

受激辐射是受激吸收的逆过程。电子在E_1和E_2两个能级之间跃迁,吸收的光子能量或辐射的光子能量都要满足玻尔条件,即

$$E_2 - E_1 = h f_{12} \tag{2-1-2}$$

式中,$h = 6.628 \times 10^{-34}$ J·s 为普朗克常量;f_{12} 为吸收或辐射的光子频率。

（二）分析激光器的一般发光原理

激光器的发光是利用受激辐射的原理,是一种方向性好、强度大和相干性好的光源,它不同于普通的光源,普通的光源是利用自发辐射原理进行发光的,光的传播方向是四面八方的,而且强度低、相干性差。

如果光源要产生激光,需要具备以下 3 个条件:

（1）要有一个合适的激光工作物质。

（2）可实现粒子数反转分布的泵浦源。

（3）提供回馈的光学谐振腔。

1. 粒子数反转分布

产生受激辐射和产生受激吸收的物质是不同的。设在单位物质中,处于低能级和处于高能级的粒子数分别为N_1和N_2。当系统处于热平衡状态时,存在下面的分布

$$\frac{N_2}{N_1} = \exp\left(-\frac{E_2 - E_1}{kT} \right) \tag{2-1-3}$$

式中,$k = 1.318 \times 10^{-23}$ J/K,为玻尔兹曼常量;T 为热力学温度。

由于$(E_2 - E_1) > 0$,$T > 0$,所以在这种状态下,总是$N_1 > N_2$。这是因为电子总是首先占据低能量的轨道。受激吸收和受激辐射的速率分别与N_1和N_2成比例,且比例系数（吸收和辐射的概率）相等。如果$N_1 > N_2$,即受激吸收大于受激辐射。当光通过这种物质时,光强按指数衰减,这种物质称为吸收物质。

通常情况下,粒子具有正常能级分布,总是低能级上的粒子数比高能级的粒子数多。所以,光的受激吸收比受激辐射强,因此,光总是受到衰减。要想获得光的放大,必须使受激辐射强于受激吸收。也就是说,使$N_2 > N_1$,当光通过这种物质时,会产生放大作用,这种物质称为激活物质。$N_2 > N_1$的分布,和正常状态（$N_1 > N_2$）的分布相反,所以称为粒子（电子）数反转分布。处于粒子数反转分布的物质称为激活物质或增益物质。要想得到粒子数反转分布,一般采用光激励、放电激励、化学激励等方法给物质能量,以求把低能级的粒子激发到高能级上,这个过程称为泵浦（很多地方也称抽运）。

2. 激光振荡和光学谐振腔

粒子数反转分布是产生受激辐射的必要条件,但还不能产生激光。只有把启动物质置于光学谐振腔中,对光的频率和方向进行选择,才能获得连续的光放大和激光振荡输出。基本的光学谐振腔由两个反射率分别为R_1、R_2的平行反射镜构成,并被称为法布里-珀罗（Fabry-Perot,F-P）谐振腔,如图 2-1-2 所示。其中一个反射镜的反射率为 100%,另一个反射率为 95%。由于谐振

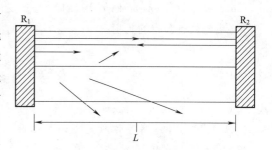

图 2-1-2　激光器的构成和工作原理

腔内的激活物质具有粒子数反转分布,可以用它产生的自发辐射光作为入射光。入射光经反射

镜反射,沿轴线方向传播的光被放大,沿非轴线方向的光逸出腔外。轴向反射光经多次回馈,不断得到放大,方向性得到不断改善,结果幅度得到提高。

另外,由于谐振腔内激活物质存在吸收,反射镜存在透射和散射,因此光受到一定损耗。当增益和损耗相当时,在谐振腔内开始建立稳定的激光振荡。

以上启动物质和光学谐振腔只是为激光的产生提供了必要的条件。为了获得激光振荡,还必须满足一定的阈值条件和相位条件。下面对此进行讨论。

(1)阈值条件。设增益介质单位长度的小信号增益系数为G_0,损耗系数为α,两个反射镜反射系数分别为r_1和r_2。若暂不考虑其他损耗,则出于增益介质的放大作用,腔内光功率随距离z的变化可表示为

$$P(z) = P(0)\exp(G_0 - \alpha_i)z \tag{2-1-4}$$

式中,$P(0)$为$z=0$处的光功率。

光束在腔内经历一个来回后,两次通过增益介质,此时的光功率为

$$P(2L) = P(0)r_1 r_2 \exp[(G_0 - \alpha_i)\cdot 2L] \tag{2-1-5}$$

要想产生振荡,必须满足

$$P(2L) \geqslant P(0) \tag{2-1-6}$$

即

$$r_1 r_2 \exp[(G_0 - \alpha_i)\cdot 2L] \geqslant 1 \tag{2-1-7}$$

因此有

$$G_0 \geqslant \alpha_i + \left(\frac{1}{2L}\right)\ln\left(\frac{1}{r_1 r_2}\right) = \alpha \tag{2-1-8}$$

式中,α称为光学谐振腔的平均损耗系数,它包括增益介质的本身损耗和通过两次反射镜的传输损耗。式(2-1-8)即为激光器的阈值条件。只有在这种情况下,光信号才能不断得到放大,使输出光功率逐渐增强。高能级粒子不断向低能级跃迁产生受激辐射,使得低能级粒子数和高能级粒子数差减小,受激辐射作用降低,增益系数G也减小,直至$G=\alpha$,激光器维持一个稳定的振荡,并输出稳定的光功率。

(2)相位条件。要产生激光振荡,除了要满足上述阈值条件外,还要满足一定的相位条件。即受激辐射光在腔内往返一次后与原有的波叠加,若要在腔中形成谐振,叠加的波必须是相互加强的,即要求它们之间的相位差必须是2的整数倍,也就是往返一次的路径长度是波长的整数倍,以形成正反馈,可写成

$$2L = q\lambda \tag{2-1-9}$$

式中,q为纵模模数;λ为在谐振腔内的光波波长。

如果光学谐振腔的折射率为n,则输出的激光波长是谐振腔内波长的n倍。输出激光波长为

$$\lambda = \frac{2nL}{q} \tag{2-1-10}$$

式中,λ为输出的激光波长;n为启动物质的折射率;$q=1,2,3,\cdots$称为纵模模数。

(三)了解PN结半导体激光器的结构和原理

1. 同质结半导体激光器

简单的GaAs PN结半导体激光器的结构如图2-1-3(a)所示,它的核心部分是一个PN结,P-N结由高掺杂浓度的P型GaAs半导体材料和N型GaAs半导体材料组成。激光就是由P-N

结区发出的,因此 P-N 结也称为作用区或有源区。由于 P 区和 N 区是同一种半导体材料,因此又称同质结半导体激光器。

　　P-N 结两个端面是按照晶体的天然解理面切开的,它们相当于反射镜,其反射系数在 0.32 左右。若将表面镀膜,可以得到很高的反射系数,这就组成了光学谐振腔。P-N 结如何实现粒子数反转分布,并使受激辐射大于受激吸收产生光的放大作用呢?

　　当 P 型半导体和 N 型半导体结合在一起时,由于 P 型半导体空穴极多,N 型半导体自由电子极多,所以,N 区中的电子向 P 区扩散,在靠近界面的地方剩下了带正电的离子。P 区的空穴向 N 区扩散,在靠近界面的地方剩下了带负电的离子。这样,在 P 区和 N 区的交界面及其两侧形成了带相反电荷的区域,形成一个电场,称为自建场,方向由 N 区指向 P 区。同时,在结的两边产生一个电位差 U_D,称为势垒。它阻碍多数载流子的扩散,而使少数载流子在自建场的作用下向相反的方向做漂移运动,最后扩散和漂移运动达到动态平衡。由于势垒的作用,就使得 P 区的能级比 N 区的能级提高了 E_v^p,如图 2-1-3(b)所示。

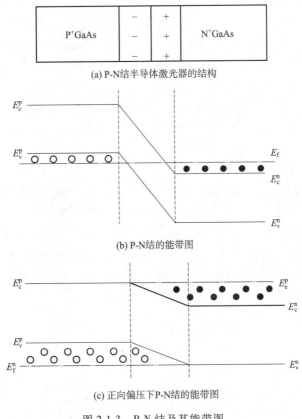

(a) P-N结半导体激光器的结构

(b) P-N结的能带图

(c) 正向偏压下P-N结的能带图

图 2-1-3　P-N 结及其能带图

　　由于高掺杂,势垒很高,以至 N 区半导体的导带底部能级(E_c)比 P 区半导体价带顶部能级(E_v)还要低。根据费米统计分布定律,对于 E_f 以下的所有能级,电子占据的概率大于 1/2;对于 E_f 以上的所有能级,电子占据的概率小于 1/2。因此,N 区导带底部到费米能级 E_f 之间的电子数,大于 P 区价带顶部能级 E_v 到费米能级 E_f 以上的电子数。这时没有产生粒子数反转。因此,P-N 结半导体激光器在没有外加电场情况下,不能产生光的放大作用,也就不能产生激光振荡。

　　当在 P-N 结半导体激光器外加正向电压 U 时,由于耗尽层电阻很大,而 P 区和 N 区电阻很小，所以电压 U 基本上就加在了 P-N 结上，如图 2-1-3（c）所示。同时，热平衡状态被破坏，使扩散作用增强，N 区和 P 区的多数载流子将通过结区向对方注入。但是，P 区和 N 区有自己的费米能级。在 N 区，用 E_f^n 来表示，E_f^n 以下的各个能级，电子占据的概率大于 1/2。在 P 区，用 E_f^p 来表示，E_f^p 以上的各个能级，电子占据的概率小于 1/2。当 P-N 结加上足够大的正向电压 U 而正向电流足够大时，P 区空穴和 N 区电子大量注入结区，在 P-N 结的空间电荷区形成粒子数反转分布区域，称为有源区，它可以产生光的放大作用。因而由自发辐射产生的少量光子，在有源区由于受激辐射就保持稳定的振荡，并经输出端输出一恒定光功率激光。

半导体激光器的泵浦源是外加正向注入电流，在足够大的外加正向电流的作用下，产生了粒子数反转，实现了光的放大。要产生光的振荡，还必须使放大系数大于谐振腔的损耗系数才能起振，也就是必须满足一定的阈值条件。由于是电流注入式的激发，所以一般用注入电流来表示阈值条件。与阈值条件相对应的注入电流称为阈值电流，用 I_{th} 来表示。

P-N 结是早期研制的半导体激光器，它有很大的缺点，即阈值电流太高，这主要是由于光波和载流子的限制不完善引起的。

首先，光波的限制不完善。因为 P 区和 N 区的材料相同，它们的折射指数也一样。形成 P-N 结后，结区的折射指数稍有提高，但提高不大。这样的结构导波作用很弱，有相当比例的光能进入无源区，必将增大损耗，从而增大了阈值电流。其次，载流子的限制不完善。当载流子向结区注入时，它们并不完全限制在结区。P 区和 N 区都有部分载流子扩散，这样也将增大阈值电流。阈值大，激光器消耗的电功率多，不利于激光器在室温下稳定工作。要降低阈值电流，需要改进激光器的结构，使其能有效限制光波和载流子。为满足这一要求，制成了异质结半导体激光器。

2. 异质结半导体激光器

异质结半导体激光器的"结"是由不同的半导体材料制成的。采用异质结的目的是为了有效限制光波和载流子，降低阈值电流，提高半导体激光器的电/光转换效率。

异质结半导体激光器分为单异质结半导体激光器和双异质结半导体激光器。根据工作波长的不同，所用的材料也不同。图 2-1-4 给出了可用于短波长光纤通信的单异质结半导体激光器和双异质结半导体激光器的结构简图。它们是由 GaAs 材料和 GaAlAs 材料制成的。由于材料不同，因此它们的折射率、禁带宽度、损耗等都不同。

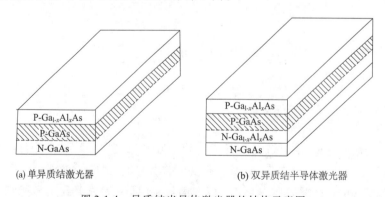

(a) 单异质结激光器　　　　　　　　　　(b) 双异质结半导体激光器

图 2-1-4　异质结半导体激光器的结构示意图

单异质结半导体激光器的结构如图 2-1-4（a）所示，它是由 N-GaAs、P-GaAs 和 P-GaAlAs 组成的 3 层结构。双异质结半导体激光器的结构如图 2-1-4（b）所示。它是由 N-GaAs、P-GaAs、

P-GaAlAs和N-GaAlAs四部分组成的。$Ga_{1-x}Al_xAs$ 是指在 GaAs 材料中掺入 AlAs 而形成,叫作砷镓铝晶体,$1-x,x$ 是指 AlAs 与 GaAs 的比例。

对同质结激光器,当加正向偏压时,所需的激励电流很大,结区和 P 区、N 区的折射指数很小,光导波效应不显著,因而加大了损耗。增加了激光器的阈值电流。异质结半导体激光器与同质结半导体激光器不同。它是利用不同材料的折射率的不同对光波进行限制,利用不同材料的禁带宽度的不同对载流子进行限制。由于两种不同材料的折射指数相差较大,故光波导效应较显著,散失到引导块外的光能量较小,损耗下降。异质结对电子载流子和光波的双重限制,使其较同质结半导体激光器的阈值电流大幅降低。

单异质结半导体激光器只在引导块的一侧限制载流子和光波,而双异质结半导体激光器则是在两侧都对载流子和光波进行限制。在加正向偏压时,载流子不易向外扩散,因而其浓度大大增加,增益大为提高。同时,由于两材料折射指数的差异,光波导效应显著,因而损耗大幅减小。这都使双异质结半导体激光器的阈值较单异质结半导体激光器的阈值电流明显下降,可以在室温下连续稳定工作。

3. 半导体激光器的发光波长

半导体激光器件所采用的半导体材料,根据不同的组合。其发光波长从可见光到红外光区域。发光波长基本上由半导体禁带宽度(即导带与价带的能级差)$E_g = hf$ 决定。式中,$h = 6.628 \times 10^{-34}$ J·s 为普朗克常量;f 为光波的频率。由 $\lambda = \dfrac{c}{f}$ 得出 $\lambda = \dfrac{hc}{E_g}$,其中 c 为光速($c = 3 \times 10^8$ m/s)。

光子能量 E 和波长 λ 之间的变换关系为

$$E = 1.239\,8/\lambda \qquad\qquad (2-1-11)$$

例如,砷化镓半导体的带隙为 1.36 eV,则砷化镓发光二极管的辐射波长为 1.239 8 μm eV/1.36 eV = 910 nm。该波长处于近红外区,在掺入铝后可改变波长。因此,短波长光源采用 GaAlAs,而长波长光源采用 InGaAsP。目前,光纤通信使用的光源,短波长的有 GaAlAs 激光器(LD)和 GaAlAs 发光二极管(LED);长波长的有 InGaAsP 激光器(LD)和 InGaAsP 发光二极管(LED)。

(四)研究半导体激光器工作特性

1. P-I 特性

当激光器注入电流增加时,受激辐射量增加,一旦超过 PN 结中光的吸收损耗,激光器就开始振荡,于是光输出功率急剧增大,使激光器发生振荡时的电流称为阈值电流 I_{th},只有当注入电流不小于阈值时,激光器才发射激光。

图 2-1-5 所示为短波长 GaAlAs 激光器发射功率-电流(P-I)曲线。P 为发射功率,I 为注入电流。

2. 微分子量子效率 η_d

激光器输出光子数的增量与注入电子数的增量之比,定义为微分子量子效率,即

$$\eta_d = \frac{\Delta P_0/hf}{\Delta I/e} = \left(\frac{\Delta P_0}{\Delta I}\right)\left(\frac{e}{hf}\right) \qquad (2-1-12)$$

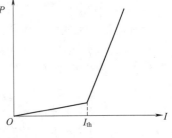

图 2-1-5 激光器 P-I 特性

式中，ΔP_0 为激光器的输出光功率的增量；ΔI 为注入电流的增量；$h = 6.628 \times 10^{34}$ J·s 为普朗克常量；f 为光波的频率；$e = 1.6 \times 10^{-19}$ C 为电子电荷。

3. 光谱特性

光源谱线宽度是衡量器件发光单色性的一个物理量。激光器发射光谱的宽度取决于激发的纵模数目，对于存在若干个纵模的光谱特性可画出包络线。其谱线宽度定义为输出光功率峰值下降 3 dB 时的半功率点对应的宽度。对于高速率系统采用的单纵模激光器，则以光功率峰值下降 20 dB 时的功率点对应的宽度评定。

如果激光器同时有多个模式振荡，就称为多纵模激光器（Multiple Longitudinal Mode，MLM）。MLM 通常有宽的光谱宽度，典型值为 10 nm。谱宽很宽对高速光纤通信系统是很不利的，因此光源的谱宽应尽可能窄，即希望激光器工作在单纵模状态，这样的激光器称为单纵模激光器（Single Longitudinal Mode，SLM）。

图 2-1-6 和图 2-1-7 分别为短波长（850 nm）、长波长（1 550 nm）激光器光谱特性。谱宽度越窄的越接近于单色光。

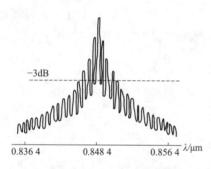

图 2-1-6　短波长 LD 光谱特性

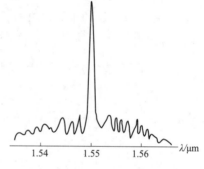

图 2-1-7　长波长 LD 光谱特性

对光源谱宽通常的要求如下：

（1）多模光纤系统，谱线宽度一般为 3 ~ 5 nm，事实上这是初期激光器的水平。

（2）速率在 622 Mbit/s 以下的单模光纤系统，一般要求谱宽为 1 ~ 3 nm，即 InGaAsP 隐埋条形激光器，称为单纵模激光器。它在连续动态工作时为多纵模。

（3）速率大于 622 Mbit/s 时的单模光纤系统，要求用动态单纵模激光器，其谱宽以兆赫来计量，不再以纳米来衡量，实用分布回馈型激光器（DFB-LD）或量子阱激光器等其谱宽非常窄，接近单色光，可以防止系统因出现模分配噪声而限制系统的中继段长。

4. 温度特性

半导体激光器阈值电流随温度增加而加大。尤其是工作于波长波段的 InGaAsP 激光器，阈值电流对温度更敏感。半导体激光器输出 P-I 曲线受温度变化影响如图 2-1-8 所示。

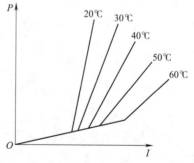

图 2-1-8　激光器阈值
电流随温度的变化

为了得到稳定的激光器输出特性，一般应使用各种自动控制电路来稳定激光器阈值电流和输出功率。长波长激光器常将温度控制和功率控制等组成一个组件。近年来，国内外已研制出无制冷激光器。这种激光器的阈值电流在特定条件下不随温度变化,即不再用制冷器来控制温度。它适用于野外无人值守的中继站。

(五)认识其他激光器

1. 分布反馈式激光器

图 2-1-9 所示为 DFB(Distributed Feedback Laser,分布式反馈激光器)和 DBR(Distributed Brag Reflection,分布式布拉格反射)激光器的结构示意图。DFB-LD 采用双异质隐埋条形结构。不同之处是它用布拉格光栅取代传统的 F-P 光腔作为光谐振器。F-P 腔激光器,其光的回馈是由腔体两端面的反射提供的,其位置是确定的,就在端面上。光的回馈也可以是分布方式,即由一系列靠得很近的反射端面反射提供。

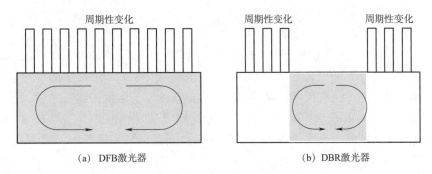

(a) DFB激光器   (b) DBR激光器

图 2-1-9　DFB 和 DBR 激光器结构示意图

DFB 激光器的基本工作原理,可以用布拉格反射来说明。波纹光栅是由于材料折射率的周期性变化而形成的,它为受激辐射产生的光子提供周期性的反射点,如果变化的周期是腔体中光波波长的整数倍,那么就满足腔体内的驻波条件,这一条件为布拉格条件。只有满足变化周期为 1/2 波长整数倍的那个波长才能形成最强的反射光,该波长得到优先放大,形成激光振荡。这种效应可以抑制其他纵模,实现发光波长的单纵模工作。在制作器件时,通过改变其变化周期就可以得到不同的工作波长。

实际上,任何采用周期性波导来获得单纵模的激光器都称为分布回馈激光器,然而 DFB 激光器仅指周期性出现在腔体的有源增益区,如图 2-1-9(a)所示。如果周期性出现在有源增益区的外面,如图 2-1-9(b)所示,则称为 DBR 激光器。DBR 激光器的优点是它的增益区和它的波长选择是分开的,因此可对它们分别进行控制。例如,通过改变波长选择区的折射率,可以将激光器调谐到不同的工作波长而不改变其他的工作参数。DFB 激光器的制作工艺比 F-P 腔激光器的简单,虽然价格较贵,但高速光纤通信系统几乎全部采用 DFB 激光器,F-P 腔激光器只用在短距离的数字光纤通信系统中。

DFB 激光器的封装是 DFB 激光器昂贵的主要原因。对于 WDM(波分复用)系统,在单个封装中封装有多个不同波长 DFB 激光器是很重要的。这种器件可以用作多波长激光器,也可以用作调谐激光器(根据所需的波长,数组中只有一个激光器在工作)。这些激光器也可以以阵列的形式分布在单个基片上。4 个或 8 个波长数组的激光器在实验室已制作成功,但大批量生产还有困难,主要原因是:作为一个整体,其数组的生长(半导体的工艺)的成功率是很低的,只要有一个不能满足要求,则整个数组就被放弃。

2. 量子阱激光器

图 2-1-10 所示为多量子阱(Multiple Quantum Well,MQW)激光器的结构示意图。多量子阱

结构带来了阈值电流小、输出光功率大及热稳定性好的优点。

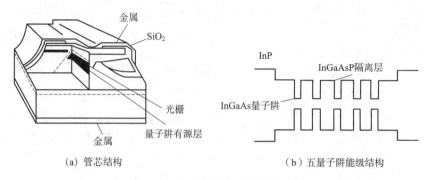

图 2-1-10　MQW 激光器结构示意图

众所周知,半导体激光是有一定谱线宽度而不是单一频率(或单一波长)的光,而光纤是色散介质。当脉冲激光在光纤中传输时,脉冲光会展宽或变形,从而使数字信号传输产生误码。尤其是半导体激光器在进行高速率调制时,由于载流子和光子运输的瞬态特性,原来静态下的单纵模将可能变为多纵模,多纵模的谱线宽度远比单纵模宽。在高速率调制下(如2.5 Gbit/s)仍能保持单模的激光器称为动态单纵模激光器。量子阱分布回馈激光器就是动态单纵模激光器,这种激光器光输出仅有一个模式,或虽有 3 ~ 5 个纵模,但主、边模抑制比大于30 dB,其谱线半宽度一般小于 0.5 nm。这么窄的脉冲光在传输时展宽小,误码率低。

半导体激光器输出光谱线宽度和模式特性与其光增益谱分布和选模机构有关。对法布里-珀罗腔激光器,光谱线一般为多模。量子阱分布回馈激光器,由于量子尺寸效应和分布回馈光栅的选模作用,可实现高速率调制下的动态单纵模输出。分布回馈用的光栅是一种皱折波纹状结构,这种波纹状结构使光波导区的折射率呈周期性分布,其作用就像一个谐振腔。根据光的耦合波理论,折射率呈周期性分布的光栅对其中的光有选模(波长)作用。只有有源区的光波长和光栅相对应时,才能稳定地存在下去,而其他波长的光则衰减掉。这样,量子阱分布回馈激光器射出的光的谱线就很窄,在高速率调制下就可实现动态单纵模输出。

3. 光纤锁模激光器

产生激光超短脉冲的技术常称为锁模技术(Mode Locking)。这是因为一台自由运转的激光器中往往会有很多个不同模式或频率的激光脉冲同时存在,而只有在这些激光模式相互间的相位锁定时,才能产生激光超短脉冲或称锁模脉冲。实现锁模的方法有很多种,但一般可以分成两大类:主动锁模和被动锁模。主动锁模指的是通过由外部向激光器提供调制信号的途径来周期性地改变激光器的增益或损耗,从而达到锁模目的;而被动锁模则是利用材料的非线性吸收或非线性相变的特性来产生激光超短脉冲。

目前,广泛使用的一种产生飞秒(fs,$1fs = 10^{-15}s$)激光脉冲的克尔透镜锁模(Kerr Lens Mode Locking)技术,这是一种独特的被动锁模方法。克尔透镜锁模实际上是利用了材料的折射率随光强变化的特性使得激光器运转中的尖峰脉冲得到的增益高出连续的背景激光增益,从而最终实现短脉冲输出。

一台激光器实现锁模运转后,在通常情况下,只有一个激光脉冲在腔内来回传输,该脉冲每到达激光器的输出镜时,就有一部分光通过输出镜耦合到腔外。因此,锁模激光器的输出是一个等间隔的激光脉冲序列。相邻脉冲间的时间间隔等于光脉冲在激光腔内的往返时间,即腔周期。一台锁模激光器所产生的激光脉冲的宽度是否短到飞秒量级主要取决于腔内色散特性、非线性特性及两者间的相互平衡关系。而最终的极限脉宽则受限于增益介质的光谱范围。

衡量一台飞秒激光器的重要技术指标为脉冲宽度、平均功率和脉冲重复频率。此外,还有谱宽与脉宽积、脉冲的中心波长、输出光斑大小、偏振方向等。脉冲重复频率实际上说明了激光脉冲序列中两相邻脉冲间的间隔。由平均功率和脉冲重复频率可求出单脉冲能量,由单脉冲能量和脉冲宽度可求出脉冲的峰值功率。

4. 垂直腔面发射激光器

目前采用多模光纤构建计算机互联网络成为光纤传输技术的应用热点。多模光纤系统传统上采用短波长发光管,它存在传输带宽严重受限的问题。近年开发成功并投入应用的垂直腔面发射激光器(VCSEL)突破了发光管的一系列技术限制,极大提高了传输带宽(可达每秒数十亿比特以上),已成为多模光纤局域网数据传输系统的新型光源。

(1)VCSEL 的结构。形象地说,VCSEL 是一种电流和发射光束方向都与芯片表面垂直的激光器。

图 2-1-11 所示为 VCSEL 的结构,和常规激光器一样,它的有源区位于两个限制层之间,并构成双异质结(DH)构形。VCSEL 的结构特点使它的结构设计参数不同于常规激光二极管。它的主要结构设计参数包括腔长(L)、有源区厚度(d)、有源区直径(D)和前、后反射镜的反射率(R_f、R_r)等。

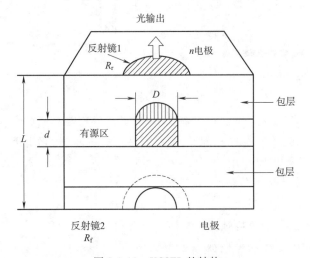

图 2-1-11 VCSEL 的结构

(2)VCSEL 的特点:

● 发光效率高,以 850 nm 波长的 VCSEL 为例,在 10 mA 驱动时可以获得高达 1.5 mW 的输出光功率。

● 工作阈值极低,可以从 1 mA 以内接近 1 μA。

● 动态单一波长工作。

● 不仅可以单纵模方式工作,还可以多纵模方式工作。从而减少了多模光纤应用时的相干和模式噪声。这一特点十分重要,因为 VCSEL 主要应用于以多模光纤(62.5 pm 芯径)为传输介质的局域网(LAN)中。

- 温度稳定性好。
- 工作速率高。VCSEL 最引人注目的优点是它的速度快,其速度极限大于 3 Gbit/s。
- 工作寿命长。VCSEL 的平均无故障寿命可达到 3.3×10^7 h,寿命的定义为输出光功率的 2 dB 衰减。
- 对所有不同芯径的光纤(从单模光纤到 1 nm 左右的大口径光纤)都有好的模式匹配。
- 价格低、产量高。

二、了解发光二极管

(一)掌握发光二极管的发光机理

发光二极管(LED)的工作原理与激光器(LD)有所不同,LD 发射的是受激辐射光,LED 发射的是自发辐射光。LED 的结构和 LD 相似,大多是采用双异质结(DH)芯片,把有源层夹在 P 型和 N 型限制层中间,不同的是 LED 不需要光学谐振腔,没有阈值。发光二极管有两种类型:一类是正面发光型 LED;另一类是侧面发光型 LED。其结构如图 2-1-12 所示。和正面发光型 LED 相比,侧面发光型 LED 驱动电流较大,输出光功率较小,但由于光束辐射角较小,与光纤的耦合效率较高,因而入纤光功率比正面发光型 LED 大。

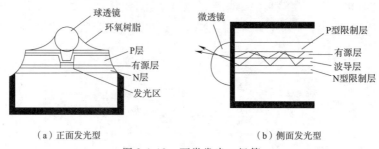

(a) 正面发光型　　　　　　　　　(b) 侧面发光型

图 2-1-12　两类发光二极管

和激光器相比,发光二极管输出光功率较小,谱线宽度较宽,调制频率较低。但发光二极管性能稳定、寿命长、输出光功率线性范围宽,而且制造工艺简单,价格低廉。因此,这种器件在小容量短距离系统中发挥了重要作用。

(二)了解发光二极管的工作特性

1. 光输出特性

LED 的光输出特性,即 *P-I* 特性,如图 2-1-13 所示。当注入电流较小时,LED 的输出功率曲线基本是线性的,所以 LED 广泛用于模拟信号传输系统。但电流太大时,由于 PN 结发热而出现饱和状态。

2. 光谱特性

LED 的发射光谱比半导体激光器宽很多,如长波长 LED 谱宽可达 100 nm。LED 对光纤传输带宽的影响也因之比激光器大。因光纤的色散与光源谱宽成比例,故 LED 不能用于长距离传输。

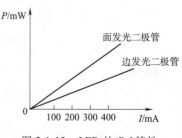

图 2-1-13　LED 的 *P-I* 特性

3. 温度特性

温度对发光二极管的光功率影响比半导体激光器要小。例如,边发射的短波长管和长波长管,在温度由 20℃ 上升到 70℃ 时,发射功率分别下降为 1/2 和 1/1.7(在电流一定时)。因此,对温控的要求不像激光器那样严格。

4. 发光管的频率调制特性

LED 的调制特性可以表示为

$$P(\omega) = \frac{P(0)}{\left[1 + (\omega\tau)^2\right]^{\frac{1}{2}}} \tag{2-1-13}$$

式中,$P(0)$ 是零频率时 LED 的发射功率;$P(\omega)$ 是频率为 ω 时 LED 的发射功率;τ 是有源区载流子的寿命时间,一般为 10^{-8} s,比 LD 大一个数量级。故 LED 可调的速率低。边发光二极管调制频率可大于 100 MHz,面发光二极管为 17~70 MHz。一般来说,LED 有较好的线性,但输出光功率与驱动电流的关系是非线性的,仍不能满足模拟系统的线性要求,必须采取改善措施。

（三）介绍半导体光源在系统中的应用

LED 通常和多模光纤耦合,用于 1.3 μm 波长的小容量短距离系统。因为 LED 发光面积和光束辐射角较大,而多模 SIF 光纤或 G.651 规范的 GIF 光纤具有较大的芯径和数值孔径,有利于提高耦合效率,增加入纤功率。LD 通常和 G.652 或 G.653 规范的单模光纤耦合,用于 1.3 μm 或 1.55 μm 大容量长距离系统,这种系统在国内外都得到广泛的应用。分布反馈式激光器（DFB-LD）主要和 G.653 或 G.654 规范的单模光纤或特殊设计的单模光纤耦合,用于超大容量的新型光纤系统,这是目前光纤通信发展的主要趋势。图 2-1-14 所示为 LD 组件的构成实例。

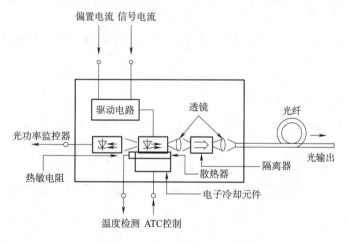

图 2-1-14 LD 组件的构成实例

三、探究光源的调制

（一）了解光源的直接调制

由前面的分析可见,在半导体激光器 P-I 曲线中,注入电流超过阈值电流以后,P-I 曲线基本是线性的;半导体发光二极管的 P-I 曲线也基本是线性的。这样,只要在线性部分加入调制信号,则输出的光功率就随着输入信号而变化,信号就调制到了光波上。

1. 发光二极管的调制

根据调制信号的不同,可分为模拟信号调制和数字信号调制。

（1）模拟信号调制。模拟信号调制就是直接用连续的模拟信号对光源进行调制,图 2-1-15

（a）所示为对 LED 进行模拟调制原理图,图中连续的模拟信号电流叠加在直流偏置电流上,适当选择直流偏置电流的大小,可以降低光信号的非线性失真。

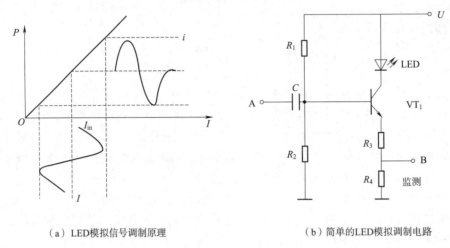

（a）LED模拟信号调制原理　　　　　　　　（b）简单的LED模拟调制电路

图 2-1-15　LED 模拟信号调制

图 2-1-15（b）所示为一个简单的 LED 模拟调制电路。当信号从 A 点输入后,晶体管放大器集电极电流就跟随模拟量变化,即 LED 的注入电流随模拟信号变化,于是 LED 的输出光功率也随着模拟信号变化,这样就实现了对光源的直接调制。

在实际使用的电路中,比图 2-1-15（b）要复杂,如增加补偿电路,补偿 LED 的 $P\text{-}I$ 曲线非线性。

（2）数字信号调制。在光纤通信系统中,数字调制主要指 PCM 编码调制。其数字调制原理如图 2-1-16（a）所示。

图 2-1-16（b）所示为由晶体管组成的共发射极调制电路,这种简单的驱动电路主要用于以 LED 作为光源的光发射机。数字信号 U_{in} 从晶体管 VT 的基极输入,通过集电极的电流驱动 LED。数字信号"0"码和"1"码对应于 VT 的截止和饱和状态,电流的大小根据对输出光信号幅度的要求确定。这种驱动电路适用于 10 Mbit/s 以下的低速率系统,更高速率系统应采用差分电流开关电路。

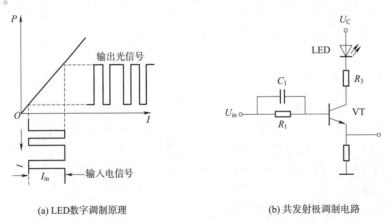

(a)LED数字调制原理　　　　　　　　(b)共发射极调制电路

图 2-1-16　LED 数字信号调制

（3）激光二极管的调制。图 2-1-17 所示为激光器（LD）直接光强数字调制原理。对 LD 施加了偏置电流 I_b。由图 2-1-17 可见，当激光器的驱动电流大于阈值电流 I_{th} 时，输出光功率 P 和驱动电流 I 基本上是线性关系，输出光功率和输入电流成正比，所以输出光信号反映输入电信号。

半导体激光器是光纤通信的理想光源，但在高速脉冲调制下，其瞬态特性仍会出现许多复杂现象，如常见的电光延迟、张弛振荡和自脉动现象。这种特性严重限制系统传输速率和通信质量，因此在设计电路时要给予充分考虑。

（4）电光延迟和张弛振荡现象。半导体激光器在高速脉冲调制下，输出光脉冲瞬态响应波形，如图 2-1-18 所示。输出光脉冲和注入电流脉冲之间存在一个初始延迟时间，称为电光延迟时间 t_d，其数量级一般为纳秒（ns）。当电流脉冲注入激光器后，输出光脉冲会出现幅度逐渐衰减的振荡，称为张弛振荡，其振荡频率 f_r（$=\omega_r/2\pi$）一般为 0.5 ~ 2 GHz，这些特性与激光器有源区的电子自发复合寿命和谐振腔内光子寿命以及注入电流初始偏差量有关。

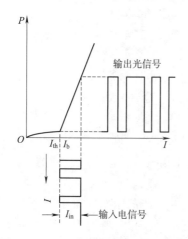

图 2-1-17　LD 直接光强数字调制原理

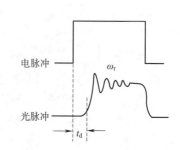

图 2-1-18　光脉冲瞬态响应波形

张弛振荡和电光延迟的后果是限制调制速率。当最高调制频率接近张弛振荡频率时，波形失真严重，会使光接收器在抽样判决时增加误码率，因此实际使用的最高调制频率应低于张弛振荡频率。

电光延迟要产生码型效应。当电光延迟时间与数字调制的码元持续时间 $T/2$ 为相同数量级时，会使"0"过后的第一个"1"码的脉冲宽度变窄，幅度减小，严重时可能使单个"1"码丢失，这种现象称为"码型效应"，如图 2-1-19 所示。在两个接连出现的"1"码中，第一个脉冲到来前，有较长的连"0"码，由于电光延迟时间长和光脉冲上升时间的影响，脉冲变小。第二个脉冲到来时，由于第一个脉冲的电子复合尚未完全消失，有源区电子密度较高，因此电光延迟时间短，脉冲较大。"码型效应"的特点如下：

在脉冲序列中较长的连"0"码后出现的"1"码，其脉冲明显变小，而且连"0"码数目越多，调制速率越高，这种效应越明显。用适当的"过调制"补偿方法，可以消除码型效应，如图 2-1-19（c）所示。

（5）自脉动现象。某些激光器在脉冲调制甚至直流驱动下，当注入电流达到某个范围时，输出光脉冲出现持续等幅的高频振荡，这种现象称为自脉动现象，如图 2-1-20 所示。自脉动频率可达 2 GHz，严重影响 LD 的高速调制特性。

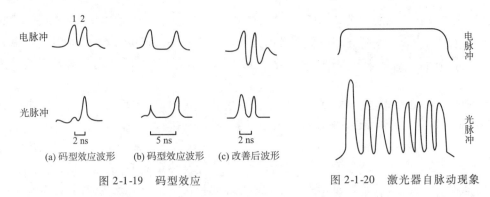

(a) 码型效应波形　(b) 码型效应波形　(c) 改善后波形

图 2-1-19　码型效应　　　　　　　图 2-1-20　激光器自脉动现象

自脉动现象是激光器内部不均匀增益或不均匀吸收产生的,往往和 LD 的 *P-I* 曲线的非线性有关。自脉动发生的区域和 *P-I* 曲线扭折区域相对应,因此在选择激光器时应特别注意。

图 2-1-21 所示为常用的 LD 射极耦合调制电路,适合于激光器系统使用。电流源为由 VT_1 和 VT_2 组成的差分开关电路,它提供了恒定的偏置电流。在 VT_2 基极上施加直流参考电压 U_B,VT_2 集电极的电压取决于 LD 的正向电压,数字电信号 V_{in} 从 VT_1 基极输入。当信号为“0”码时,VT_1 基极电位比 U_B 高而抢先导通,VT_2 截止,LD 不发光;反之,当信号为“1”码时,VT_1 基极电位比 U_B 低,VT_1 抢先导通,驱动 LD 发光。VT_1 和 VT_2 处于轮流截止和非饱和导通状态,有利于提高调制速率。当晶体管截止频率 $f_r \geq 4.5$ GHz 时,这种电路的调制速率可达 300 Mbit/s。射极耦合电路为恒流源,电流噪声小,这种电路的缺点是动态范围小、功耗较大。

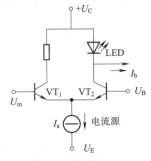

图 2-1-21　常用的 LD 射极耦合调制电路

激光器驱动电路的调制速率受电路所用电子器件性能的限制。采用激光器和驱动电路集成在一起的单片集成电路,可以提高调制速率和改进光发射机的性能。目前,光电混合集成电路的 1.5 μm 的光发射机已能在 5 Gbit/s 下工作,采用异质结双极晶体管的光发射机调制速率已达 10 Gbit/s。

（二）认识间接调制光源

在某些情况下,激光器需要采用间接调制。因为信号速率超过直接调制带宽的限制,或者为了减轻高速传输时的光纤色散的影响,都需要采用间接调制。

1. 电光效应光调制

当把电压加到某些晶体上时,可能使晶体的折射率发生变化,结果引起通过该晶体的光波特性发生变化,晶体的这种性质称为电光效应;当晶体的折射率与外加电场幅度成正比时,称为普科尔效应;当晶体的折射率与外加电场幅度的二次方成比例变化时,称为克尔效应。电光调制器主要利用普科尔效应。常用的晶体材料有铌酸锂晶体（$LiNbO_3$）、钽酸锂晶体（$LiTaO_3$）和砷化镓（GaAs）。

根据加在晶体上电场的方向与光束在晶体中传播的方向不同,可分为纵向调制和横向调制。电场方向与光的传播方向平行,称为纵向电光调制;电场方向与光的传播方向垂直,称为横向电光调制。横向电光调制的优点是半波电压低、驱动功率小,应用较为广泛。

2. 磁光效应光调制

磁光效应又称法拉第电磁偏转效应。当光通过介质传播时,若在垂直光的传播方向上施加一强磁场,则光的偏转面产生偏转,其旋转角与介质长度、外磁场强度成正比。当光信号通过磁光晶体时,输出信号的偏振方向与检偏器透光轴平行,检偏器输出的光强最大;随着调制电流的增加,旋转角度加大,透过检偏器的光强逐渐下降,从而实现光的间接调制。

3. 声光效应光调制

声光调制器是一种外调制器,通常把控制激光束强度变化的声光器件称为声光调制器。声光调制技术比光源的直接调制技术有高得多的调制频率;与电光调制技术相比,它有更高的消光比(一般大于1 000:1)、更低的驱动功率、更优良的温度稳定性和更好的光点质量以及更低的价格;与机械调制方式相比,它有更小的体积、质量和更好的输出波形。

声光调制器由声光介质和压电换能器构成。当驱动源的某种特定载波频率驱动换能器时,换能器即产生同一频率的超声波并传入声光介质,在介质内形成折射率变化,光束通过介质时即发生相互作用而改变光的传播方向即产生衍射。当外加信号通过驱动电源作用到声光器件时,超声强度随此信号变化,衍射光强也随之变化,从而实现了对激光的振幅或强度的调制。

(三)介绍调制信号的码型

在光纤通信系统中,从电端机输出的是适合于电缆传输的双极性码。光源不可能发射负光脉冲,因此必须进行码型变换,以适合于数字光纤通信系统传输的要求。数字光纤通信系统普遍采用二进制二电平码,即"有光脉冲"表示"1"码,"无光脉冲"表示"0"码。

数字光纤通信系统对线路码型的主要要求是保证传输的透明性,具体要求有以下几种:

(1)能限制信号带宽,减小功率谱中的高低频分量,这样就可以减小基线漂移,提高输出功率的稳定性和减小码间干扰,有利于提高光接收器的灵敏度。

(2)能给光接收器提供足够的定时信息。因而应尽可能减少连"1"码和连"0"码的数目,使"1"码和"0"码的分布均匀,保证定时信息丰富。

(3)能提供一定的冗余代码,用于平衡码流、误码监测和公务通信。但对高速光纤通信系统,应适当减少冗余代码,以免占用过大的带宽。

数字光纤通信系统常用的线路码型有扰码、mBnB码和插入码,下面将分别进行介绍。

1. 扰码

为了保证传输的透明性,在系统光发射机的调制器前,需要附加一个扰码器,将原始的二进制代码序列加以变换,使其接近于随机序列。相应地,在光接收器的判决器之后,附加一个解扰器,以恢复原始序列。扰码与解扰可由回馈移位寄存器和对应的前馈移位元寄存器实现。

扰码改变了"1"码与"0"码的分布,从而改善了码流的一些特性。例如:

扰码前:1100000011000…

扰码后:1101110110001…

但是,扰码仍具有下列缺点:

(1)不能完全控制长串连"1"和长串连"0"序列的出现。

(2)没有引入冗余,不能进行在线误码监测。

(3)信号频谱中接近于直流的分量较大,不能解决基线漂移问题。

因为扰码不能完全满足光纤通信对线路码型的要求,所以许多光纤通信设备除采用扰码外还采用其他类型的线路编码。

2. mBnB 码

mBnB码是把输入的二进制原始码流进行分组,每组有 m 个二进制代码,记为 mB,称为一个码字,然后把一个码字变换为几个二进制代码,记为 nB,并在同一个时隙内输出。这种码型是把 mB 变换为 nB,所以称为 mBnB 码,其中 m 和 n 都是正整数,n > m,一般选取 n = m + 1。mBnB 码有 1B2B、3B4B、5B6B、8B9B、17B18B 等。

最简单的 mBnB 码是 1B2B 码,即曼彻斯特码,就是把原码的"0"变换为"01",把"1",变换为"10"。因此,最大的连"0"和连"1"的数目不会超过两个,如 1001 和 0110。但是在相同时隙内,传输 1 bit 变为传输 2 bit,码速提高了 1 倍。

以 3B4B 码为例,输入的原始码流 3B 码,共有 $8(2^3)$ 个码字,变换为 4B 码时,共有 $16(2^4)$ 个码字,如表 2-1-1 所示。为保证信息的完整传输,必须从 4B 码的 16 个码字中挑选 8 个码字来代替 3B 码。设计者应根据最佳线路码特性的原则来选择码表。例如,在 3B 码中有两个"0",变为 4B 码时补一个"1";在 3B 码中有两个"1",变为 4B 码时补一个"0",而 000 用 0001 和 1110 交替使用;111 用 0111 和 1000 交替使用。同时,规定一些禁止使用的码字,称为禁字,如 0000 和 1111。

表 2-1-1 3B 和 4B 的码字

3B 码字	4B 码字	
000	0000	1000
001	0001	1001
010	0010	1010
011	0011	1011
100	0100	1100
101	0101	1101
110	0110	1110
111	0111	1111

作为普遍规则,引入"码字数字和"(WDS)来描述码字的均匀性,并以 WDS 的最佳选择来保证线路码的传输特性。"码字数字和"是在 nB 码的码字中,用" – 1"代表"0",用" + 1"代表"1"码,整个码字的代数和即为 WDS。如果整个码字"1"码的数目多于"0"码,则 WDS 为正;如果"0"码的数目多于"1"码,则 WDS 为负;如果"0"码和"1"码的数目相等,则 WDS 为 0。例如,对于 0111,WDS = +2;对于 0001,WDS = −2;对于 0011,WDS =0。

nB 码的选择原则:尽可能选择|WDS|最小的码字,禁止使用|WDS|最大的码字。以 3B4B 为例,应选择 WDS =0 和 WDS = ±2 的码字,禁止使用 WDS = ±4 的码字。表 2-1-2 所示为根据这个规则编制的一种 3B4B 码表,表中正组和负组交替使用。

表 2-1-2 一种 3B4B 码表

信号码(3B)		线路码(4B)			
		模式 1(正组)		模式 2(负组)	
		码字	WDS	码字	WDS
0	000	1011	+2	0100	− 2
1	001	1110	+2	0001	− 2
2	010	0101	0	0101	0
3	011	0110	0	0110	0

信号码(3B)		线路码(4B)			
		模式1(正组)		模式2(负组)	
		码字	WDS	码字	WDS
4	100	1001	0	1001	0
5	101	1010	0	1010	0
6	110	0111	+2	1000	−2
7	111	1101	+2	0010	−2

mBnB 码的缺点是传输辅助信号比较困难。因此,在要求传输辅助信号或有一定数量的区间通信设备中,不宜用这种码制。

3. 插入码

插入码是把输入二进制原始码流分成每 m 比特(mB)一组,然后在每组 m 个码末尾按一定规律插入一个码,组成 $m+1$ 个码为一组的线路码流。根据插入码的规律,可以分为 mB1C 码、mB1H 码和 mB1P 码。

mB1C 码的编码原理:把原始码流分成每 m 比特(mB)一组,然后在每组 mB 码的末尾插入 1 bit 补码,这个补码称为 C 码,所以称为 mB1C 码。补码插在 mB 码的末尾,连"0"码和连"1"码的数目最少。mB1C 码的结构示例如下:

mB 码为: 100 110 001 101 …

mB1C 码为: 1001 1101 0010 1010 …

C 码的作用是引入冗余代码,可以进行在线误码率监测;同时改善了"0"码和"1"码的分布,有利于定时提取。

mB1H 码是 mB1C 码演变而成的,即在 mB1C 码中,扣除部分 C 码,并在相应的码位插入一个混合码(H 码),所以称为 mB1H 码。所插入的 H 码可以根据不同用途分为 3 类:第一类是 C 码,它是第 m 位码的补码,用于在线误码率监测;第二类是 L 码,用于区间通信;第三类是 G 码,用于帧同步、公务、数据、监测等信息的传输。

常用的插入码是 mB1H 码,有 1B1H 码、4B1H 码和 8B1H 码。以 4B1H 码为例,它的优点是码速提高不大,误码增值小,可以实现在线误码检测、区间通信和辅助信息传输;缺点是码流的频谱特性不如 mBnB 码。但在扰码后再进行 mB1H 变换,可以满足通信系统的要求。

在 mB1P 码中,P 码称为同位码,其作用和 C 码相似,但 P 码有以下两种情况:

(1)P 码为奇校验码时,其插入规律是使 $m+1$ 个码内"1"码的个数为奇数。例如:

mB 码为: 100 000 001 010 …

mB1P 码为: 1000 0001 0010 1101 …

当检测得 $m+1$ 个码内"1"码为奇数时,则认为无误码。

(2)P 码为偶校验码时,其插入规律是使 $m+1$ 个码内"1"码的个数为偶数。例如:

mB 码为: 100 000 001 110 …

mB1P 码为: 1001 0000 0011 1100 …

当检测得 $m+1$ 个码内"1"码为偶数时,则认为无误码。

四、认识数字光发射机

(一)掌握数字光发射机的基本组成

数字光发射机框图如图 2-1-22 所示,主要由光源和电路两部分组成。光源是实现电/光转换的关键器件,在很大程度上决定着光发射机的性能。电路的设计应以光源为依据,使输出光信号准确反映输入电信号。

图 2-1-22　数字光发射机框图

1. 光源

对通信用光源的要求如下:

(1)发射的光波长应和光纤低损耗"窗口"一致,即中心波长应在 0.85 μm、1.31 μm 和 1.55 μm 附近。光谱单色性要好,即谱线宽度要窄,以减小光纤色散对带宽的限制。

(2)电/光转换效率要高,即要求在足够低的驱动电流下,有足够大而稳定的输出光功率,且线性良好。发射光束的方向性要好,即远场的辐射角要小,以利于提高光源与光纤之间的耦合效率。

(3)允许的调制速率要高或响应速度要快,以满足系统大传输容量的要求。

(4)器件应能在常温下以连续波方式工作,要求温度稳定性好,可靠性高,寿命长。

(5)要求器件体积小,质量小,安装使用方便,价格便宜。

以上各项中,调制速率、谱线宽度、输出光功率和光束方向性,直接影响光纤通信系统的传输容量和传输距离,是光源最重要的技术指标。目前,不同类型的半导体激光器(LD)和发光二极管(LED)可以满足不同应用场合的要求。

2. 调制电路和控制电路

直接光强调制的数字光发射机主要电路有调制电路、控制电路和线路编码电路,采用激光器作光源时,还有偏置电路。对调制电路和控制电路的要求如下:

(1)输出光脉冲的通断比(全"1"码平均光功率和全"0"码平均光功率的比值,或消光比的倒数)应大于 10,以保证足够的光接收信噪比。

(2)输出光脉冲的宽度应远大于开通延迟(电光延迟)时间,光脉冲的上升时间、下降时间和开通延迟时间应足够短,以便在高速率调制下,输出的光脉冲能准确再现输入电脉冲的波形。

(3)对激光器应施加足够的偏置电流,以便控制在较高速率调制下可能出现的张弛振荡,保证发射机正常工作。

(4)应采用自动功率控制(APC)和自动温度控制(ATC),以保证输出光功率有足够的稳定性。

3. 线路编码电路

线路编码之所以必要,是因为电端机输出的数字信号是适合电缆传输的双极性码,而光源不能发射负脉冲,所以要变换为适合于光纤传输的单极性码。

（二）了解自动功率控制电路

由于温度变化和工作时间加长,LD 的输出光功率会发生变化。为保证输出光功率的稳定,必须改进电路设计。

图 2-1-23 是利用回馈电流使输出光功率稳定的 LD 驱动电路,由 VT_3 支路为 LD 提供的偏置电流 I_b 受到激光器背向输出光平均功率和输入数字信号均值 U_{in} 的控制。把 PD 检测器的输出监测电压 U_{PD}、信号参考电压 U_{in} 和直流参考电压 U_R 施加到运算放大器 A_1 的反相输入端,经放大后,控制 VT_3 基极电压和偏置电流 I_b,其控制过程如下:

$$P_{LD} \downarrow \rightarrow U_{PD} \downarrow \rightarrow (U_{PD} + U_{in} + U_R) \downarrow \rightarrow U_{AL} \uparrow \rightarrow I_b \uparrow \rightarrow P_{LD} \uparrow$$

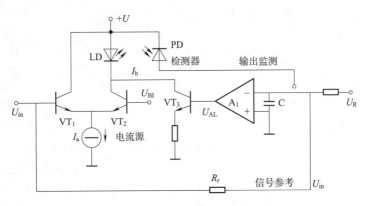

图 2-1-23　反馈稳定 LD 驱动电路

在回馈电路中引入信号参考电压的目的,是使 LD 的偏置电流不受码流中"0"码和"1"码比例变化的影响。

一个更加完善的自动功率控制(APC)电路如图 2-1-24 所示。从 LD 背向输出的光功率,经 PD 检测器检测、运算放大器 A_1 放大后送到比较器 A_3 的反相输入端。同时,输入信号参考电压和直流参考电压经 A_2 比较放大后,送到 A_3 的同相输入端。A_3 和 VT_3 组成直流恒流源调节 LD 的偏流,使输出光功率稳定。

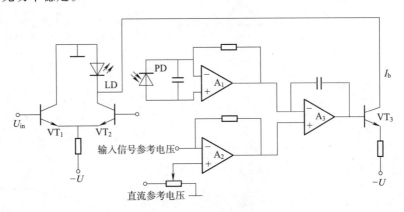

图 2-1-24　APC 电路原理

（三）分析温度特性和自动温度控制电路

半导体光源的输出特性受温度影响很大,特别是长波长半导体激光器对温度更加敏感。为保证输出特性的稳定,对激光器进行温度控制是十分必要的。

　　温度控制装置一般由制冷器、热敏电阻和控制电路组成,图 2-1-25 所示为温度控制装置的框图。制冷器的冷端和激光器的热流接触,热敏电阻作为传感器,探测激光器结区的温度,并把它传递给控制电路,通过控制电路改变制冷量,使激光器输出特性保持恒定。

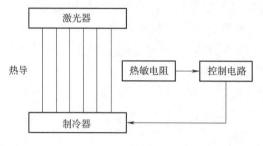

图 2-1-25　温度控制框图

　　目前,微制冷大多采用半导体制冷器,它是利用半导体材料的珀尔帖效应制成的电偶来实现制冷的。用若干对电偶串联或并联组成的温差电功能器件,温度控制范围可达 30 ~ 40℃。为提高制冷效率和温度控制精度,把制冷器和热敏电阻封装在激光器管壳内,温度控制精度可达 ±0.5℃,从而使激光器输出平均功率和发射波长保持恒定,避免调制失真。

　　图 2-1-26 所示为自动温度控制(ATC)电路原理,由 R_1、R_2、R_3 和热敏电阻 R_T 组成“换能”电桥,通过电桥把温度的变化转换为电量的变化。运算放大器 A 的差分输入端跨接在电桥的对端,用以改变晶体管 VT 的基极电流。在设置温度(如 20℃)时,调节 R_3 使电桥平衡,A、B 两点没有电位差,传输到运算放大器 A 的信号为零,通过制冷器 TEC 的电流也为零。当环境温度升高时,LD 的管芯和热流温度也升高,使具有负温度系数的热敏电阻的阻值减小,电桥失去平衡。这时 B 点的电位低于 A 点的电位,运算放大器 A 的输出电压升高,VT 的基极电流增大,制冷器 TEC 的电流也增大,制冷端温度降低,热流和管芯的温度也降低,因而保持温度恒定,这个控制过程可以表示如下:

$$T(环境)\uparrow \rightarrow I(LD、热沉)\uparrow \rightarrow R_T\downarrow \rightarrow I(冷凝器)\uparrow \rightarrow T(LD)\downarrow$$

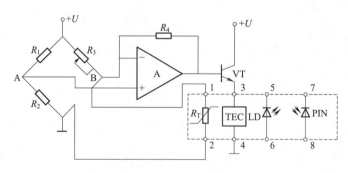

图 2-1-26　ATC 电路原理

　　光发射机除了上述各部分电路外,还有以下一些辅助电路:

　　(1)LD 保护电路。其功能是使半导体激光器的偏流慢启动以及限制偏流不要过大。由于激光器老化以后输出光功率降低,自动光功率控制电路将使激光器偏置电流不断增加,如果不限制偏流就可能烧毁激光器。

　　(2)无光告警电路。当光发射机出现故障或输入信号中断时,都将使激光器较长时间不发光,这时告警电路将发出告警指示。

任务小结

通过本任务的学习,了解了光纤通信系统中的光源和光发射机。

(1)激光器的发光利用了受激辐射的原理,是一种方向性好、强度大和相干性好的光源。如果光源要产生激光,需要具备的条件为:要有一个合适的激光工作物质;可实现粒子数反转分布的泵浦源;提供反馈的光学谐振腔。

(2)发光二极管的发光功率较小,光谱宽,适合短距离、小容量的通信系统使用,但发光二极管性能稳定,寿命长,输出光功率线性范围宽,而且制造工艺简单,价格低廉。LED 的工作原理与 LD 有所不同,LD 发射的是受激辐射光,LED 发射的是自发辐射光。

(3)数字光发射机的功能是把电端机输出的数字基带电信号转换为光信号,并用耦合技术有效注入光纤线路,电/光转换时用承载信息的数字信号对光源进行调制来实现的。

※思考与练习

一、填空题

1. 激光器输出光功率随温度而变化有两个原因:一个是_____;另一个是外微分子量效率随温度升高而减小。

2. 对 LD 的直接调制将导致激光器_____增宽,限制光纤通信系统的_____和容量。

3. 半导体激光器中光学谐振腔的作用是提供必要的_____,与此同时还需进行_____的选择。

4. 半导体激光器工作时温度会升高,这时导致阈值电流_____,输出光功率会_____。

5. 发光二极管依靠_____发光,半导体激光器依靠_____发光。

6. 雪崩光电二极管的倍增因子定义为_____。

7. 在半导体激光器 $P\text{-}I$ 曲线中,注入电流超过阈值电流以后,$P\text{-}I$ 曲线基本是_____的。

8. 发光二极管的调制根据调制信号的不同,可分为_____和_____。

9. _____是激光器内部不均匀增益或不均匀吸收产生的,往往和 LD 的 $P\text{-}I$ 曲线的非线性有关,自脉动发生的区域和 $P\text{-}I$ 曲线扭折区域相对应。

10. 数字光发射机主要由_____和_____两部分组成。光源是实现_____的关键器件,在很大程度上决定着光发射机的性能。

11. 直接光强调制的数字光发射机主要电路有_____、_____和_____,采用激光器作光源时,还有偏置电路。

二、判断题

1. 自发辐射光是一种相干荧光,即是单一频率、相位和偏振方向相同的光。　　　(　　)

2. 自脉冲现象是某些激光器在某些注入电流下发生的一种持续振荡,实际工作中常遇到这种器件,属正常现象,无须更换。　　　(　　)

3. 激光器的横模决定了激光光束的空间分布,它直接影响到器件和光纤的耦合效率。(　　)

4. 激光振荡的相位条件为谐振腔的长度,为激光波长的整数倍。　　　(　　)

5. LED 比 LD 更适合作为 WDM 系统的光源。　　　　　　　　　　　　　（　　）

6. 采用雪崩光电二极管（APD）的要求是有较高的偏置电压和复杂的温度补偿电路。

（　　）

7. LED 的 $P-I$ 特性呈线性，故无论用模拟信号和数字信号对其进行调制均不需要加偏置
电流。　　　　　　　　　　　　　　　　　　　　　　　　　　　　　　　　　（　　）

8. 为了使雪崩光电二极管能正常工作，需在其两端加上高反向电压。　　　　（　　）

9. 在 PIN 光电二极管中，P 型材料和 N 型材料之间加一层轻掺杂的 I 型材料，称为本征层。

（　　）

10. LED 的 $P-I$ 特性呈线性，故无论用模拟信号和数字信号对其进行调制均不需要加偏置
电流。　　　　　　　　　　　　　　　　　　　　　　　　　　　　　　　　（　　）

11. 在外来光子的激发下，低能级 E_1 上的电子吸收了光子的能量 $hf(=E_2-E_1)$ 而跃迁到
高能级 E_2 的过程，称为受激辐射。　　　　　　　　　　　　　　　　　　　　（　　）

12. 半导体光源的输出特性受温度影响很大，特别是长波长半导体激光器对温度更加敏
感。为保证输出特性的稳定，对激光器进行温度控制是十分必要的。　　　　　　（　　）

三、选择题

1. DFP 激光器与 FP 激光器相比的优点是（　　　）。
    A. 单纵模激光器　　　　　　　　　　　　　B. 普线窄，动态普线好，线性好
    C. 普线宽　　　　　　　　　　　　　　　　D. 纵横模数多

2. 激光是通过（　　　）产生的。
    A. 受激辐射　　　　　　　　　　　　　　　B. 自发辐射
    C. 热辐射　　　　　　　　　　　　　　　　D. 电流

3. 在激光器中，光的放大是通过（　　　）。
    A. 光学谐振腔来实现的　　　　　　　　　　B. 泵浦光源来实现的
    C. 粒子数反转分布的激活物质来实现的　　　D. 外加直流来实现的

4. 随着激光器温度的上升，其输出光功率会（　　　）。
    A. 减少　　　　　　　　　　　　　　　　　B. 增大
    C. 保持不变　　　　　　　　　　　　　　　D. 先逐渐增大，后逐渐减少

5. 下列不属于影响光电二极管响应时间的因素是（　　　）。
    A. 零场区光生载流子的扩散时间　　　　　　B. 有场区光生载流子的漂移时间
    C. RC 时间常数　　　　　　　　　　　　　　D. 器件内部发生受激辐射的时间

6. 以下不是 PIN 光电二极管主要特性的是（　　　）。
    A. 波长响应特性　　　　　　　　　　　　　B. 量子效率和光谱特性
    C. 响应时间和频率特性　　　　　　　　　　D. 噪声

7. 发光二极管发出的光是非相干光，它的基本原理是（　　　）。
    A. 受激吸收　　　　　　　　　　　　　　　B. 自发辐射
    C. 受激辐射　　　　　　　　　　　　　　　D. 自发吸收

8. 关于 PIN 和 APD 的偏置电压表述，正确的是（　　　）。
    A. 均为正向偏置　　　　　　　　　　　　　B. 均为反向偏置
    C. 前者正偏，后者反偏　　　　　　　　　　D. 前者反偏，后者正偏

9. 光纤通信系统中常用的光源主要有( )。

    A. 光检测器、光放大器、激光器   B. 半导体激光器、光检测器、发光二极管

    C. PIN 光电二极管、激光、荧光   D. 半导体激光器、发光二极管

10. 在系统光发射机的调制器前附加一个扰码器的作用是( )。

    A. 保证传输的透明度   B. 控制长串"1"和"0"的出现

    C. 进行在线误码检测   D. 解决基线漂移

11. 光发射机的消光比,一般要求小于或等于( )。

    A. 5%   B. 10%

    C. 15%   D. 20%

12. 光发射机中实现电/光转换的关键器件是( )。

    A. 光源   B. 调制电路

    C. 光检测器   D. 放大器

四、简答题

1. 什么是粒子数反转?什么情况下可以实现光的放大?

2. 比较半导体激光器(LD)和发光二极管(LED)的异同。

任务二　研究光检测器及光接收器

任务描述

有光发送方当然存在光接收方,接收方主要将光信号转换成电信号,本任务主要讲述光检测器识别光信号的基本原理。

任务目标

- 识记:光检测器原理。
- 领会:光接收器原理。
- 应用:光接收器的主要性能。

任务实施

一、了解光检测器

（一）认识光电二极管

如图 2-2-1 所示,光电二极管(PD)由半导体 PN 结组成,结上加反向偏压。当有光照射时,若光子能量(hf)不小于半导体禁带宽度(E_g),则占据低能级(价带)的电子吸收光子能量而跃迁到较高能级(导带),在耗尽区里产生许多电子-空穴对,称为光生载流子。这些光生载流子受到结区内电场(自建场)的作用,电子漂移到 N 区、空穴漂移到 P 区,于是 P 区就有过剩的空穴

积累,N 区则有过剩的电子积累,也就是在 PN 结两边产生了一个发光电动势,即光生伏特效应。如果把外电路接通,就会有光生电流 I_s 流过负载。入射到 PN 结的光越强,光生电动势越大。如果将被调光信号照射到该连接了外电路的光电二极管的 PN 结上,它就会将被调制的光信号还原成带有原信息的电信号。

这种光电二极管由于响应速度低,不适用于光纤通信系统。

（二）介绍 PIN 光电二极管

PIN 光电二极管（见图 2-2-2）,是在光电二极管的基础上改进而成的。用半导体本征材料（如 Si 或 InGaAs）

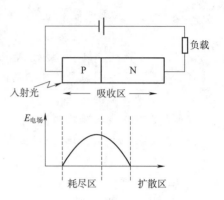

图 2-2-1　光电二极管工作原理

作本体,分别在两侧掺杂而形成 P 区和 N 区,厚度均为数微米,本征材料夹在中间,厚度为数 10 ~100 μm,称为 I 区。在反向偏置电压下,形成一较宽的耗尽区,当被光照射时,在 P 区和 N 区产生的空穴和电子,在耗尽区内进行高效率、高速度的漂移和扩散所形成的光生电流,通过 PIN 结时,虽然 I 区较厚,但是它处于强反向电场作用（反向偏置）下,载流子以极快速度通过。而在 P 区和 N 区,虽然边有反向电场作用,但它们很薄,渡越时间短,所以总速度提高了;而且,每一个光子入射到 PIN 器件所产生的电子数比光电二极管高,即 PIN 器件的量子效率比光电二极管的高,所以 PIN 管广泛用于中短距离光纤通信。由于 PIN 器件本身无增益,使接收灵敏度受到限制,所以不能在长距离通信系统中应用。通常将具有电流放大效应的场效应晶体管（FET）与 PIN 管集成在一起,使用以 Si 作本体材料的短波长 PIN 管,称为 Si-PIN,以 InGaAs 作本体材料的长波长 PIN 管,称为 InGaAs-PIN。

（三）熟悉雪崩光电二极管

在很强反向电场（反向电压数十伏或数百伏）的作用下,电子以极快的速度通过 PN 结。在行进途中碰撞半导体晶格上的原子离化而产生新的电子、空穴,即二次电子和空穴,而且这种现象不断连锁反应,使结区内电流急剧倍增放大,产生"雪崩"现象。雪崩光电二极管（APD）使用时,需要数十以至数百伏的高反向电压。雪崩电压对环境温度变化较敏感,使用有点不方便。但由于有内部电流放大作用,可以提高接收机灵敏度。因此,广泛用于中、长距离的光纤通信系统。APD 工作原理如图 2-2-3 所示。

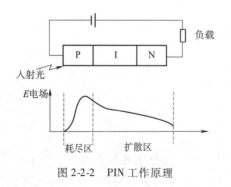

图 2-2-2　PIN 工作原理

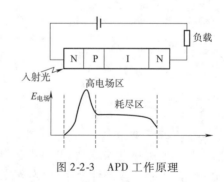

图 2-2-3　APD 工作原理

在光纤通信的短波长区（0.8 ~ 0.9 μm）雪崩光电二极管用 Si 作本体,称为 Si-APD。在长波长区（1.0 ~ 1.65 μm）用 Ge 或用 InGaAs 作本体,分别称为 Ge-APD 和 InGaAs/InP-APD。

1. PIN 光电二极管的特性

（1）量子效率和响应度。光电转换效率用量子效率 η 或响应度 R 表示。量子效率的定义为一次光生电子-空穴对和入射光子数的比值，即

$$\eta = \frac{\text{光生电子-空穴对}}{\text{入射光子数}} = \frac{I_p/e}{P_0/hf} = \frac{I_p}{P_0} \cdot \frac{hf}{e} \tag{2-2-1}$$

式中，hf 为光子能量；e 为电子电荷。

响应度 R 的定义为一次光生电流 I_p 和入射光功率 P_0 的比值，即

$$R = \frac{I_p}{P_0} \tag{2-2-2}$$

（2）响应时间和频率特性。光电二极管对高速调制光信号的响应能力用脉冲响应时间 τ 或截止频率 f_c（带宽）表示。PIN 光电二极管响应时间或频率特性主要由光生载流子在耗尽层的渡越时间 τ_d 和包括光电二极管在内的检测电路 RC 常数所确定。

由电路 RC 时间常数限制的截止频率为

$$f_c = \frac{1}{2\pi R_t C_d} \tag{2-2-3}$$

式中，R_t 为光电二极管的串联电阻和负载电阻的总和；C_d 为结电容 C_j 和管壳分布电容的总和。

$$C_j = \frac{\varepsilon A}{w} \tag{2-2-4}$$

式中，ε 为材料介电常数；A 为结面积；w 为耗尽层宽度。

（3）噪声。噪声是反映光电二极管特性的一个重要参数。直接影响光接收器的接收灵敏度。光电二极管的噪声包括由信号电流和暗电流产生的散粒噪声和由负载电阻和后继放大器输入电阻产生的热噪声。暗电流是没有光入射时流过光检测器的电流，它是由 PN 结的热激发产生的电子-空穴对形成的。对于 APD，这种载流子同样会得到高场区的加速而倍增。暗电流的均方值为

$$< i_d^2 > = 2e I_d B \tag{2-2-5}$$

再加上信号电流的散粒噪声，总的均方散粒噪声值为

$$< i_{th}^2 > = 2e(I_p + I_d)B \tag{2-2-6}$$

式中，e 为电子电荷；B 为放大器带宽；I_p 和 I_d 分别为信号电流和暗电流。暗电流与光电二极管的材料和结构有关，如 Si-PIN、$I_d < 1$ nA、Ge-PIN，$I_d > 100$ nA。

均方热噪声电流为

$$< i_T^2 > = \frac{4kTB}{R} \tag{2-2-7}$$

式中，$k = 1.38 \times 10^{23}$ J/K，为波尔兹曼常数；T 为等效噪声温度；R 为等效电阻，是负载电阻和放大器输入电阻并联的结果。

因此，光电二极管的总均方噪声电流为

$$< i^2 > = 2e(I_p + I_d)B + \frac{4kTB}{R} \tag{2-2-8}$$

2. 雪崩光电二极管的特性

（1）倍增因子。由于雪崩倍增效应是一个复杂的随机过程，所以用这种效应对一次光生电流产生的平均增益的倍数来描述它的放大作用，并把倍增因子定义为雪崩光电二极管（APD）输

出光电流 I_o 和一次光生电流 I_p 的比值,即

$$g = \frac{I_o}{I_p} \qquad\qquad (2\text{-}2\text{-}9)$$

显然,APD 的回应度比 PIN 增加了 g 倍。根据经验,并考虑到器件体电阻的影响,g 可以表示为

$$g = \frac{1}{1 - (U/U_B)^n} = \frac{1}{1 - [(U - RI_0)/U_B]^n} \qquad\qquad (2\text{-}2\text{-}10)$$

式中,U 为反向偏压;U_B 为击穿电压;n 为与材料特性和入射光波长有关的常数;R 为 APD 体电阻。

(2)过剩噪声因子。雪崩倍增效应不仅对信号电流而且对噪声电流同样起放大作用,所以如果不考虑别的因素,APD 的均方量子噪声电流为

$$<i_q^2> = 2e\,I_p B\,g^2 \qquad\qquad (2\text{-}2\text{-}11)$$

这是对噪声电流直接放大产生的,并未引入新的噪声成分。事实上,雪崩效应产生的载流子也是随机的,所以引入新的噪声成分,并表示为附加噪声因子 $F(F>1)$ 是雪崩效应的随机性引起噪声增加的倍数,设 $F = g^x$,APD 的均方量子噪声电流应为

$$<i_q^2> = 2e\,I_p B\,g^{2+x} \qquad\qquad (2\text{-}2\text{-}12)$$

式中,x 为附加噪声指数。

同理,APD 暗电流产生的均方噪声电流应为

$$<i_q^2> = 2e\,I_d B\,g^{2+x} \qquad\qquad (2\text{-}2\text{-}13)$$

(3)光检测器的性能和应用。表 2-2-1 和表 2-2-2 所示为半导体光电二极管(PIN 和 APD)的一般性能。

表 2-2-1　PIN 光电二极管一般性能

指　标	Si-PIN	InGaAs-PIN
波长回应 $\lambda/\mu m$	$0.4 \sim 1.0$	$1.0 \sim 1.6$
回应度 $R/(A/W)$	0.4(0.85)	0.6(1.3)
暗电流 I_d/nA	$0.1 \sim 1$	$2 \sim 5$
响应时间 τ/ns	$2 \sim 10$	$0.2 \sim 1$
结电容 C_j/pF	$0.5 \sim 1$	$1 \sim 2$
工作电压/V	$-5 \sim -15$	$-15 \sim -3$

表 2-2-2　雪崩光电二极管(APD)一般性能

指　标	Si-APD	InGaAs-APD
波长回应 $\lambda/\mu m$	$0.4 \sim 1.0$	$1.0 \sim 1.65$
回应度 $R/(A/W)$	0.5	$0.5 \sim 0.7$
暗电流 I_d/nA	$0.1 \sim 1$	$10 \sim 20$
响应时间 τ/ns	$0.2 \sim 0.5$	$0.1 \sim 0.3$
结电容 C_j/pF	$1 \sim 2$	<0.5
工作电压/V	$50 \sim 100$	$40 \sim 60$
倍增因子 g	$30 \sim 100$	$20 \sim 30$
附加噪声指数 x	$0.3 \sim 0.4$	$0.5 \sim 0.7$

APD 是有增益的光电二极管,在光接收器灵敏度要求较高的场合,采用 APD 有利于延长系统的传输距离。但是,采用 APD 要求有较高的偏置电压和复杂的温度补偿电路,结果增加了成本。因此,在灵敏度要求不高的场合,一般采用 PIN-PD。Si-PIN 和 APD 用于短波长(0.85 μm)光纤通信系统。InGaAs-PIN 用于长波长(1.31 μm 和 1.55 μm)系统,性能非常稳定,通常把它和使用场效应管(FET)的前置放大器集成在同一基片上,构成 FET-PIN 接收组件,以进一步提高灵敏度,改善器件的性能。这种组件已经得到广泛应用。InGaAs-APD 的特点是响应速度快,传输速率可达一百多亿比特每秒,适用于超高速光纤通信系统。由于 Ge-APD 的暗电流和附加噪声指数较大,在实际通信系统中很少应用。

二、认识光接收器

数字光接收器的功能:把经光纤传输后幅度被衰减、波形被展宽的微弱光信号转换为电信号,并放大处理,恢复为原发射的数字序列。

数字光接收器最主要的性能指针是灵敏度和动态范围。灵敏度和误码率密切相关,主要取决于光检测器的性能和相关电路的设计。

直接强度调制、直接检测方式的数字光接收器组成框图如图 2-2-4 所示,主要包括光检测器、前置放大器、主放大器、均衡器、时钟提取电路、取样判决器及自动增益控制(AGC)电路。

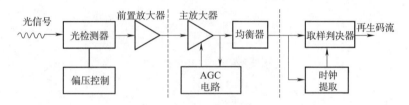

图 2-2-4 数字光接收器组成框图

(一)介绍光检测机

如前所述,光检测器是光接收器实现光/电转换的关键器件,其性能特别是响应度和噪声直接影响光接收器的灵敏度。对光检测器的要求如下:

(1)波长响应要和光纤低损耗窗口(0.85 μm、1.31 μm 和 1.55 μm)兼容。

(2)响应度要高,在一定的接收光功率下,能产生最大的光电流。

(3)噪声要尽可能低,能接收极微弱的光信号。

(4)性能稳定,可靠性高,寿命长,功耗和体积小。

目前,适合于光纤通信系统应用的光检测器有 PIN 光电二极管和雪崩光电二极管(APD)。

(二)了解放大器

前置放大器应是低噪声放大器,它的噪声对光接收器的灵敏度影响很大。前置放大器的噪声取决于放大器的类型,目前有 3 种类型的前置放大器可供选择。主放大器一般是多级放大器,其作用是提供足够的增益,并通过它实现自动增益控制(AGC),以使输入光信号在一定范围内变化时,输出电信号保持恒定。主放大器和 AGC 决定着光接收器的动态范围。

(三)掌握均衡与再生

均衡的目的是对经光纤传输、光/电转换和放大后已产生畸变(失真)的电信号进行补偿,使输出信号的波形适合于判决(一般用具有升余弦谱的码元脉冲波形),以消除码间干扰,减小误码率。

再生电路包括判决电路和时钟提取电路,其功能是从放大器输出的信号与噪声混合的波形中提取码元时钟,并逐个对码元波形进行取样判决,以得到原发送的码流。

（四）熟悉光电集成接收器

图 2-2-5 中除光检测器以外的所有组件都是标准的电子器件,很容易用标准的集成电路(IC)技术将它们集成在同一芯片上。不论是硅(Si)还是砷化镓(GaAs)IC 技术都能够使集成电路的工作带宽超过 2 GHz,甚至达到 10 GHz。

为了适合高传输速率的需求,人们一直在努力开发单片光接收器,即用"光电集成电路(OEIC)技术"在同一芯片上集成包括光检测器在内的全部组件。这样的完全集成对于 GaAs 接收机(即工作在短波长的接收机)是比较容易的,而且早已得到实现。然而,对于工作在 1.3 ~ 1.6 μm 波长的系统,人们需要基于 InP 的 OEIC 接收机。在 1991 年试验成功的单路 InGaAs OEIC 接收机,其运行速率达 5 Gbit/s。

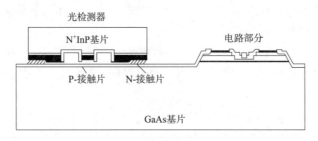

图 2-2-5　光电集成接收机

三、介绍光接收器的性能

（一）认识光接收器的噪声

光接收器的噪声有两部分:一部分是外部电磁干扰产生的,这部分噪声的危害可以通过屏蔽或滤波加以消除;另一部分是内部产生的,这部分噪声是在信号检测和放大过程中引入的随机噪声,只能通过器件的选择和电路的设计与制造尽可能减小,一般不可能完全消除。下面要讨论的噪声是指内部产生的随机噪声。

光接收器噪声的主要来源是光检测器的噪声和前置放大器的噪声。因为前置级输入的是微弱信号,其噪声对输出信噪比影响很大,而主放大器输入的是经前置级放大的信号,只要前置级增益足够大,主放大器引入的噪声就可以忽略。

图 2-2-6 所示为光接收器的噪声等效模型,由光检测器和放大器两部分组成。图 2-2-6 中,$<i_q^2>$ 和 $<i_d^2>$ 分别为光检测器的量子噪声和暗电流噪声产生的均方噪声电流(等效噪声功率),其相应的功率谱密度分别表示为 S_q 和 S_d。I_p、R 和 C 分别为光检测器的输出光生电流、偏置电阻和电容(结电容和其他电容)。放大器分解为理想放大器和等效噪声电流源 $<i_o^2>$ 和电压源 $<u_o^2>$,其相应的功率谱密度分别表示为 S_1 和 S_E,R_{in} 是放大器的输入电阻。

放大器噪声特性取决于所采用的前置放大器类型,根据放大器噪声等效电路和晶体管理论可以计算。常用 3 种类型前置放大电路示于图 2-2-7 中,其输出的等效噪声功率 N_A 为

双极型晶体管(BJT)前置放大器

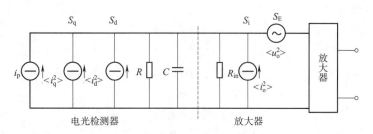

图 2-2-6　光接收器的噪声等效模型

$$N_A = \left[\frac{2kT}{R} + \frac{e\,I_c}{\beta} + \frac{(kT)^2}{(R//R_{in})\,I_c} \right] 2\,A^2B + \frac{(kT)^2(2\pi C)^2}{e\,I_c} \cdot \frac{2}{3}A^2B^2 \qquad (2\text{-}2\text{-}14)$$

k 为波尔兹曼常数,T 为绝对温度,R、R_{in} 的意义见图 2-2-6,β 为 BJT 的直流电流放大倍数,I_c 为 BJT 的集电极偏置电流,C 为包括光电检测器电容、前置放大器输入电容以及杂散电容在内的总等效电容,B 为放大器带宽,e 为电子电荷量。

场效应管(FET)前置放大器(g_m 是 FET 的跨导)

$$N_A = \left[\frac{4kT}{R} + \frac{2.8kT}{g_m R^2} \right] A^2B + \frac{2.8kT(2\pi C)^2}{3\,g_m}A^2B^3 \qquad (2\text{-}2\text{-}15)$$

跨阻型前置放大器-双极型晶体管

$$N_A = \left[\frac{2kT}{R_f//R} + \frac{e\,I_c}{\beta} \right] 2\,A^2B + \frac{(kT)^2(2\pi C)^2}{e\,I_c} \cdot \frac{2}{3}A^2B^3 \qquad (2\text{-}2\text{-}16)$$

跨阻型前置放大器-场效应管

$$N_A = \left[\frac{2kT}{R_f} + \frac{2.8kT}{g_m R_f^2} \right] A^2B + \frac{2.8kT(2\pi C)^2}{3\,g_m}A^2B^3 \qquad (2\text{-}2\text{-}17)$$

式中,A 为放大倍数;B 为放大器带宽;g_m 为 FET 跨导;I_c 为双极型晶体管集电极电流;β 为晶体管电流放大系数;e 为电子电荷;k 为波兹曼常数;T 为热力学温度;R、R_{in} 和 C 如图 2-2-6 所示;R_f 如图 2-2-7(c)所示。

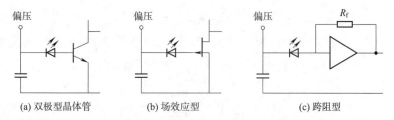

(a) 双极型晶体管　　　(b) 场效应型　　　(c) 跨阻型

图 2-2-7　光接收器的前置级放大电路

3 种类型前置放大器的比较如下:

(1)双极型晶体管前置放大器的主要特点是输入阻抗低,电路时间常数 RC 小于信号脉冲宽度 T,因而码间干扰小,适用于高速率传输系统。

(2)场效应管前置放大器的主要特点是输入阻抗高,噪声小,高频特性较差,适用于低速率传输系统。

(3)跨阻型前置放大器最大的优点是改善了带宽特性和动态范围,并具有良好的噪声特性。

（二）了解误码率

由于噪声的存在，放大器输出的是一个随机过程，其取样值是随机变量，因此在判决时可能发生误判，把发射的"0"码误判为"1"码，或把"1"码误判为"0"码。光接收器对码元误判的概率称为误码率（在二元制的情况下，等于误比特率，BER），用较长时间间隔内，在传输的码流中，误判的码元数和接收的总码元数的比值来表示。码元被误判的概率，可以用噪声电流（压）概率密度函数来计算。如图 2-2-8 所示，I_1是"1"码的电流，I_0是"0"码的电流，I_m是"1"码的平均电流，而"0"码的平均电流为 0。D 为判决门限值，一般取 $D = I_m/2$。在"1"码时，如果在取样时刻带有噪声

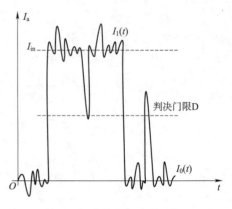

图 2-2-8　计算误码率的示意图

的电流$I_1 < D$，则可能被误判为"0"码；在"0"码时，如果在取样时刻带有噪声的电流$I_0 < D$，则可能被误判为"1"码。要确定误码率，不仅要知道噪声功率的大小，而且要知道噪声的概率分布。

光接收器输出噪声的概率分布十分复杂，一般假设噪声电流（或电压）的瞬时值服从高斯分布，其概率密度函数为

$$f(x) = \frac{1}{\sqrt{2\pi}\,\sigma}\exp\left[-\frac{x^2}{2\,\sigma^2}\right] \tag{2-2-18}$$

式中，x 为代表噪声这一高斯随机变量的取值，其均值为零；σ^2 为方差。

在已知光检测器和前置放大器的噪声功率，并假设了噪声的概率分布后，现在可以分别计算"0"码和"1"码的误码率。

在发"0"码时，平均噪声功率$N_0 = N_A$，N_A为前置放大器的平均噪声功率。这时没有光信号输入，光检测器的平均噪声功率$N_D = 0$（略去暗电流）。由式（2-2-18）得到发"0"码条件下噪声的概率密度函数为

$$f(I_0) = \frac{1}{\sqrt{2\pi\,N_0}}\exp\left[-\frac{I_0^2}{2N_0}\right] \tag{2-2-19}$$

根据误码率的定义，把"0"码误判为"1"码的概率，应等于I_0值超过 D 值的概率，即

$$P_{e.01} = \frac{1}{\sqrt{2\pi\,N_0}}\int_D^\infty \exp\left(-\frac{I_0^2}{2N_0}\right)\mathrm{d}\,I_0 \tag{2-2-20}$$

$$= \frac{1}{\sqrt{2\pi}}\int_{D/\sqrt{N_0}}^\infty \exp\left(-\frac{x^2}{2}\right)\mathrm{d}x \tag{2-2-21}$$

其中，$x = I_0/\sqrt{N_0}$。

在发"1"码时，平均噪声功率$N_1 = N_A + N_D$。N_D是在放大器输出端光检测器的平均噪声功率。这时噪声电流的幅度为$I_1 - I_m$，判决门限值仍为D，则只要取样值$I_m - I_1 > I_m - D$ 或 $I_1 - I_m < D - I_m$，就可能把"1"码误判为"0"码。所以，把"1"码误判为"0"码的概率为

$$P_{e.10} = \frac{1}{\sqrt{2\pi\,N_1}}\int_{-\infty}^{D-I_m}\exp\left[-\frac{(I_1 - I_m)^2}{2N_1}\right]\mathrm{d}(I_1 - I_m) \tag{2-2-22}$$

$$= \frac{1}{\sqrt{2\pi}}\int_{-\infty}^{-(I_m - D)/\sqrt{N_1}}\exp\left(-\frac{y^2}{2}\right)\mathrm{d}y \tag{2-2-23}$$

其中,$y = (I_1 - I_m) / \sqrt{N_1}$。

"0"码和"1"码的误码率一般是不相等的,但对于"0"码和"1"码等概率的码流而言,一般认为 $P_{e.01} = P_{e.10}$ 时,可以使误码率达到最小。因此,总误码率(BER)可以表示为

$$P_e = \frac{1}{\sqrt{2\pi}} \int_Q^\infty \exp\left(-\frac{x^2}{2}\right) dx \tag{2-2-24}$$

其中

$$Q = \frac{D}{\sqrt{N_0}} = \frac{I_m - D}{\sqrt{N_1}} \tag{2-2-25}$$

或

$$Q = \frac{I_m}{\sqrt{N_0} + \sqrt{N_1}} \tag{2-2-26}$$

式中,Q 称为超扰比,含有信噪比的概念。它还表示在对"0"码进行取样判决时,判决门限值 D 超过放大器平均噪声电流 $\sqrt{N_0}$ 的倍数。

由此可见,只要知道 Q 值,就可根据式(2-2-24)的积分求出误码率。

(三)掌握灵敏度

灵敏度是衡量光接收器性能的综合指标。灵敏度 P_r 的定义是,在保证通信质量(限定误码率或信噪比)的条件下,光接收器所需的最小平均接收光功率 $\langle p \rangle_{min}$,并以 dBm 为单位。由定义得到

$$P_r = 10\lg\left[\frac{<P>_{min}(w)}{10^{-3}}\right] \text{ dBm} \tag{2-2-27}$$

灵敏度表示光接收器调整到最佳状态时,能够接收微弱光信号的能力。提高灵敏度意味着能够接收更微弱的光信号。那么,理想光接收器的灵敏度可以达到多少?影响光接收器的灵敏度有哪些因素?

1. 理性光接收器的灵敏度

假设光检测器的暗电流为零,放大器完全没有噪声,系统可以检测出单个光子形成的电子 – 空穴对所产生的光电流,这种接收机称为理想光接收器。它的灵敏度只受到光检测器的量子噪声的限制,因为量子噪声是伴随光信号的随机噪声,只要有光信号输入,就有量子噪声存在。

首先考虑理想光接收器的误码率。当光检测器没有光输入时,放大器就完全没有电流输出,因此"0"码误判为"1"码的概率为 0,即 $P_{e.01} = 0$。产生误码唯一可能的就是当一个光脉冲输入时,光检测器没有产生光电流,放大器没有电流输出。这个概率,即"1"码误判为"0"码的概率 $P_{e.10} = \exp(-n)$,n 为一个码元的平均光子数。当"0"码和"1"码等概率出现时,误码率为

$$P_e = \frac{1}{2}P_{e.01} + \frac{1}{2}P_{e.10} = \frac{1}{2}\exp(-n) \tag{2-2-28}$$

现在考虑理想光接收器的灵敏度。设传输的是非归零码(NRZ),每个光脉冲最小平均光能量为 E_d,码元宽度为 T_b,一个码元平均光子数为 n,那么光接收器所需最小平均接收功率为

$$<P>_{min} = \frac{E_d}{2T_b} = \frac{nhf}{2T_b} \tag{2-2-29}$$

式中,因子 2 是"0"码和"1"码功率平均的结果,$h = 6.628 \times 10^{-34}$ J·s 为普朗克常数,$f = c/\lambda$,f、λ 分别为光频率和光波长,c 为其空中的光速。利用 $T_b = 1/f_b$,f_b 为传输速率;并考虑光/电转换时的量子效率为 η。把这些关系代入式(2-2-27)中,得到理想光接收器灵敏度为

$$P_r = 10\lg\frac{nhcf_b}{2\lambda\eta} \tag{2-2-30}$$

对于数字光纤通信系统,一般要求误码率 $P_e \leqslant 10^{-9}$,根据式(2-2-28)得到 $n \geqslant 21$。这表明至少要有 21 个光子产生的光电流,才能保证判决时误码率不大于 10^{-9}。设 $\eta = 0.7$,并把相关的常数代入式(2-2-30)中,计算出的不同 λ 和不同 f_b 的 P_r 值列于表 2-2-3 中。这是光接收器可能达到的最高灵敏度,这个极限值是由量子噪声决定的,所以称为量子极限。由表 2-2-3 可以明显看到灵敏度与光波长和传输速率的关系。

表 2-2-3 理想光接收器的灵敏度

波长 $\lambda/\mu m$	1.31		1.55	
速率 $f_b/(Mbit/s)$	34	140	140	622
灵敏度 P_r/dBm	−71.1	−63.8	−65.7	−59.2

2. 实际光接收器的灵敏度

影响实际光接收器灵敏度的因素很多,计算也十分复杂,这里只做简要介绍。利用误码率的式(2-2-28)、式(2-2-29)可以计算最小平均接收光功率。为此,应建立超扰比 Q 与入射光功率的关系。在发"0"码的情况下,入射信号的光功率 $P_0 = 0$,输出光电流 $I_0 = 0$。在发"1"码的情况下,入射信号的光功率 P_1 和光电流 I_1 的关系为

$$I_1 = g\rho P_1 = 2g\rho < P >$$ (2-2-31)

式中,g 为 APD 倍增因子(对于 PIN-PD,$g = 1$);ρ 为光检测器的回应度;$< P > = (P_1 + P_0)/2$ 为"0"码和"1"码的平均光功率。

在放大器输出端"1"码的平均电流 $I_m = I_1 A$,A 为放大器增益,利用式(2-2-26)和式(2-2-31)得到

$$Q = \frac{2g\rho < P > A}{\sqrt{N_0} + \sqrt{N_1}}$$ (2-2-32)

给定 Q 值,使得到限定误码率的最小平均接收光功率为

$$< P >_{min} = \frac{Q(\sqrt{N_0} + \sqrt{N_1})}{2g\rho A}$$ (2-2-33)

式中,N_0 和 N_1 分别为传输"0"码和"1"码时的平均噪声功率。如前所述,在略去暗电流的情况下,有

$$N_0 = N_A$$ (2-2-34)
$$N_1 = N_A + N_D$$ (2-2-35)

式中,N_A 为前置放大器的平均噪声功率;N_D 为在放大器输出端光检测器的平均噪声功率,$N_D = < I_q^2 > A^2$,$< I_q^2 >$ 为均方量子噪声电流。

对于 PIN 光电二极管,$N_D \ll N_A$,$g = 1$,式(2-2-35)可以简化为

$$< P >_{min} = \frac{Q\sqrt{N_A}}{\rho A} = \frac{Q\sqrt{n_A}}{\rho}$$ (2-2-36)

式中,$n_A = N_A/A^2$,为折合到输入端的放大器噪声功率。

设 PIN-PD 光接收器的工作参数如下:光波长 $A = 0.85 \mu m$,传输速率 $f_b = 8.448$ Mbit/s,光电二极管响应度 $\rho = 0.4$,互阻抗前置放大器(FET)的 $n_A \approx 10^{-18}$。要求误码率 $P_e = 10^{-9}$,即 $Q = 6$,由式(2-2-33)计算得到 $< P >_{min} = 1.5 \times 10^{-8}$ W,$P_r = -48.2$ dBm。

这样计算光接收器的灵敏度是一种粗略的方法,其中没有考虑下列因素:波形引起的码间

干扰的影响;均衡器频率特性的影响;光检测器暗电流和信号含直流光的影响。这些使灵敏度降低的影响一般不能忽略。

图 2-2-9 所示为典型短波长光接收器灵敏度与传输速率的关系曲线。图中误码率限定为 1×10^{-9},假设光检测器量子效率 $\eta = 0.5$,附加噪声系数 $x = 0.4$,暗电流 $i_d = 1$ nA,滚降因子 $\beta = 1$,相对脉冲展宽 $\sigma / T = 0.3$。由图 2-2-10 可见,在限定误码率的条件下,决定光接收器灵敏度的主要因素是传输速率和光检测器、前置放大器的特性,特别是噪声特性。作为例子,图 2-2-10 所示为一个长波长系统的实测误码率和平均接收光功率的关系。

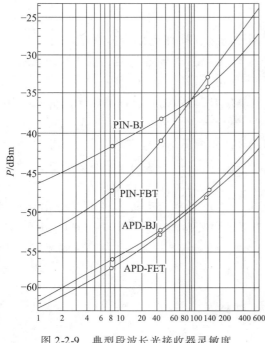

图 2-2-9　典型段波长光接收器灵敏度
与传输速率的关系曲线

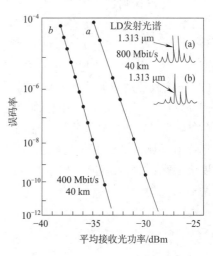

图 2-2-10　实际误码率与平均
接收光功率的关系

(四)熟悉自动增益控制和动态范围

主放大器是一个普通的宽带高增益放大器,由于前置放大器输出信号幅度较大,所以主放大器的噪声通常不必考虑。

主放大器一般由多级放大器级联构成,其功能是提供足够的增益以满足判决所需的电平 $I_m = I_1 A$,利用式(2-2-31)得到

$$A = \frac{I_m}{2g\rho <P>} \tag{2-2-37}$$

式中,g 为 APD 倍增因子;ρ 为光检测器的回应度;$<P>$ 为"0"码和"1"码的平均光功率。

主放大器的另一个功能是实现自动增益控制(AGC),使光接收器具有一定的动态范围,以保证在入射光强度变化时输出电流基本恒定。

动态范围(DR)的定义:在限定的误码率条件下,光接收器所能承受的最大平均接收光功率 $<P>_{max}$ 和所需最小平均接收光功率 $<P>_{min}$ 的比值,用 dB 表示。根据定义有

$$DR = 10\lg \frac{<P>_{max}}{<P>_{min}} \text{ dB} \tag{2-2-38}$$

动态范围是光接收器性能的另一个重要指标,它表示光接收器接收强光的能力,数字光接收器的动态范围一般应大于 15 dB。

由于使用条件不同,输入光接收器的光信号大小要发生变化,为实现宽动态范围,采用自动增益控制(AGC)是十分有必要的。AGC 一般采用直流运算放大器构成的反馈控制电路来实现。对于 APD 光接收器,AGC 控制光检测器的偏压和放大器的输出;对于 PIN 光接收器,AGC 只控制放大器的输出。

任务小结

通过本任务的学习,使我们学习到光检测器和光接收器的组成及其工作原理。

(1)光纤通信系统所采用的光接收器件,叫作光检测器。其作用是把接收到的光信号转化为电信号。光电探测器决定着整个信息系统的灵敏度、带宽等特性。

(2)数字光接收器的功能:把经光纤传输后幅度被衰减、波形被展宽的微弱光信号转换为电信号,并放大处理,恢复为原发射的数字序列。数字光接收器最主要的性能指标是灵敏度和动态范围。灵敏度和误码率密切相关,主要取决于光检测器的性能和相关电路的设计。

(3)光接收器对码元误判的概率称为误码率(在二元制的情况下,等于误码率,BER),用较长时间间隔内,在传输的码流中误判的码元数和接收的总码元数的比值来表示。

(4)灵敏度是衡量光接收器性能的综合指标。灵敏度 P_r 的定义是,在保证通信质量(限定误码率或信噪比)的条件下,光接收器所需的最小平均接收光功率 $<P>_{\min}$,并以 dBm 为单位。灵敏度表示光接收器调整到最佳状态时,能够接收微弱光信号的能力。提高灵敏度以便能够接收更微弱的光信号。

※思考与练习

一、填空题

1. _____和_____都是描述光电检测器光电转换能力的一种物理量。

2. 光电检测器的噪声主要包括_____、_____、热噪声和放大器噪声等。

3. 光检测器的作用是将_____转换为_____。

4. 光接收器中,PIN 光电二极管引入的主要噪声有_____噪声和_____噪声。

5. 在光纤通信中光接收器的基本功能是_____。

6. 在光接收器,与光电检测器相连的放大器称为_____,它是_____的放大器。

7. 数字光接收器主要包括_____、前置放大器、主放大器、_____、时钟提取电路、取样判决器以及电路_____。

8. 光接收器噪声的主要来源是_____的噪声和_____的噪声。

9. _____是衡量光接收器性能的综合指针。

10. 工程上光接收器的灵敏度常用_____表示,单位是_____。

二、判断题

1. PN 光检测器反向偏压可以取较小的值,因为其耗尽区厚度基本上是由 1 区的宽度决定

的。　　　　　　　　　　　　　　　　　　　　　　　　　　　　　　　　　（　　）

2. 接收机能接收的光功率越高其灵敏度越高。　　　　　　　　　　　　　（　　）

3. 前置放大器的 3 种类型中,属于双极型晶体管放大器的主要特点是输入抗阻低。

（　　）

4. 数字光接收器最主要的性能指针是灵敏度和动态范围。灵敏度和误码率密切相关,主要取决于光检测器的性能和相关电路的设计。　　　　　　　　　　　　　（　　）

5. 前置放大器的 3 种类型中,属于双极型晶体管放大器对的主要特点是输入抗阻低。

（　　）

6. 灵敏度表示光接收器调整到最佳状态时,能够接收微弱光信号的能力。提高灵敏度意味着能够接收更微弱的光信号。　　　　　　　　　　　　　　　　　　　（　　）

7. AGC 一般采用直流运算放大器构成的反馈控制电路来实现。　　　　　（　　）

8. 光接收器的前置放大器应选择高增益、宽带宽的类型,以抑制噪声。　　（　　）

三、选择题

1. 下列属于描述光电检测器光电转换效率的物理量是(　　　)。

　A. 响应度　　　　　　　　　　　　　　B. 灵敏度

　C. 消光比　　　　　　　　　　　　　　D. 增益

2. 通常,影响光接收器灵敏度的主要因素是(　　　)。

　A. 光纤色散　　　　　　　　　　　　　B. 噪声

　C. 光纤衰减　　　　　　　　　　　　　D. 光缆线路长度

3. 下列(　　　)不是要求光接收有动态结合搜范围的原因。

　A. 光纤的损耗可能发生变化　　　　　B. 光源的输出功率可能发生变化

　C. 系统可能传输多种业务　　　　　　D. 光接收器可能工作在不同系统中

4. 下述有关光接收器灵敏度的表述不正确的是(　　　)。

　A. 光接收器灵敏度描述了光接收器的最高误码率

　B. 光接收器灵敏度描述了最低接收平均光功率

　C. 光接收器灵敏度描述了每个光脉冲中最低接收光子能量

　D. 光接收器灵敏度描述了每个光脉冲中最低接收平均光子数

5. 光接收器的噪声主要来源是(　　　)。

　A. 光放大器　　　　　　　　　　　　　B. 光发射器

　C. 光检测器　　　　　　　　　　　　　D. 前置放大器

6. 光接收器中,使经过其处理后的信号波形成为有利于判决的波形的器件是(　　　)。

　A. 均衡器　　　　　　　　　　　　　　B. 判决器

　C. 前置放大器　　　　　　　　　　　　D. 光检测器

7. 目前实用光纤通信系统普遍采用的调制—检测方式是(　　　)。

　A. 相位调制—相干检测　　　　　　　B. 直接调制—相干检测

　C. 频率调制—直接检测　　　　　　　D. 直接调制—直接检测

8. 光纤通信中光需要从光纤的主传输信道中取出一部分作为测试用时,需用(　　　)。

　A. 光衰减器　　　　　　　　　　　　　B. 光耦合器

　C. 光隔离器　　　　　　　　　　　　　D. 光纤连接器

9. 下述有关光接收器灵敏度的表述不正确的是(　　)。

　　A. 光接收器灵敏度描述了光接收器的最高误码率

　　B. 光接收器灵敏度描述了最低接收平均光功率

　　C. 光接收器灵敏度描述了每个光脉冲中最低接收光子能量

　　D. 光接收器灵敏度描述了每个光脉冲中最低接收平均光子数

10. 在系统光发射机的调制器前附加一个扰码器的作用是(　　)。

　　A. 保证传输的透明度　　　　　　　　B. 控制长串"1"和"0"的出现

　　C. 进行在线无码检测　　　　　　　　D. 解决基线漂移

四、简答题

1. 光检测器有哪些类型？各有何特点？

2. 在数字光接收器中,为什么要设置 AGC 电路？

3. 光接收器的两个主要的性能指标是什么？

任务三　探讨光中继器及光放大器

任务描述

当光信号经过远距离传输时,线路损耗超出标准导致光检测器无法正常识别光信号,此时则需要在光信号可识别距离内增加光中继器或光放大器。本任务主要讲解光中继器及光放大器的工作原理。

任务目标

- 识记:光中继器的分类及重要指标。
- 领会:光纤放大器的工作原理。
- 应用:光放大器的类型及应用。

任务实施

一、概述光中继器

目前,实用的光纤数字通信系统都是用数字信号对光源进行直接强度调制的。光发送机输出的经过强度调制的光脉冲信号通过光纤传输到接收端。由于受发送光功率、接收机灵敏度、光纤线路损耗、甚至色散等因素的影响及限制,光端机之间的最大传输距离是有限的。

光中继器的功能是补偿光的衰减,对失真的脉冲信号进行整形。当光信号在光纤中传输一定距离后,光能衰减,从而使信息传输质量下降。为了克服这一缺点,在大容量、远距离光纤通信系统中,每隔一段距离设置一个中继器,经放大和定时再生恢复原来数字电信号,再对光源进行驱动,产生光信号送入光纤继续传输。

光中继器有多种,其中一种称为 3R 中继器,它由光检测器与前置放大器、主放大器、判决再生电路、光源与驱动电路等组成,其基本功能是均衡放大、识别再生和再定时,具有这 3 种功能的中继器称为 3R 中继器;而仅具有前两种功能的中继器称为 2R 中继器。经再生后的输出脉冲,完全消除了附加的噪声和畸变,即使在由多个中继站组成的系统中,噪声和畸变也不会积累,这就是数字通信作长距离通信时最突出的优点。目前,光放大器已趋于成熟,它可作为 1R中继器(仅仅放大)代替 3R 或 2R 中继器,构成全光光纤通信系统,或与 3R 中继器构成混合中继方式,可大幅简化系统的结构,是发展方向。图 2-3-1 所示为数字光中继器框图。

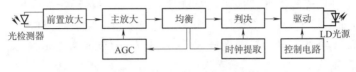

图 2-3-1　数字光中继器框图

光中继器除了没有接口设备和码型变换及控制设备以外,其他部件与光端机基本相同。

关于光中继器的结构因安装地点不同而有所区别。

安装于机房的光中继器在结构上应与机房原有的设备配套。供电电源种类、引出线端子设置、设备工作环境要求也要统一。

埋设于地下入孔和架空线路上的再生中继器要求箱体密封、防水、防腐蚀等。光中继器应有远供接收设备、遥测、遥控等性能,还能和有人维护站进行业务联络的功能,应能满足无人维护的要求。如果光中继器在直埋状态下工作,则要求更严格。

光中继器应该性能稳定、可靠性高、工作寿命长、功能完善、维护方便、成本合理,这些都是光中继器设计的重点。

现在,工程中应用的光中继器采用集成结构的光收发模块,并将其监控纳入网络管理系统,其结构简便、维护方便。

二、了解光放大器的分类

光放大器有半导体光放大器(SOA)和光纤放大器(OFA)两种类型。半导体光放大器的优点是小型化,容易与其他半导体器件集成;缺点是性能与光偏振方向有关,器件与光纤的耦合损耗大。光纤放大器的性能与光偏振方向无关,器件与光纤的耦合损耗很小,因而得到广泛应用。光纤放大器实际上是把工作物质制作成光纤形状的固体激光放大器,所以也称为光纤激光放大器。

根据放大机制不同,光纤放大器可分为掺稀土光纤放大器和非线性光纤放大器两大类。

掺稀土光纤放大器是在制作光纤时,采用特殊工艺,在光纤芯层沉积中掺入极小浓度的稀土元素,如铒、镨或铷等离子,可制作出相应的掺铒、掺镨或掺铷光纤。光纤中掺杂离子在受到泵浦光激励后跃迁到亚稳定的高激发态,在信号光诱导下,产生受激辐射,形成对信号光的相干放大。这种光纤放大器实质上是一种特殊的激光器,它的工作腔是一段掺稀土粒子光纤,泵浦光源一般采用半导体激光器。当前光纤通信系统工作在两个低损耗窗口,即 1.55 μm 波段和1.31 μm 波段。选择不同的掺杂元素,可使放大器工作在不同窗口。

(一)认识掺铒光纤放大器

掺铒光纤放大器(Erbium Doped Fiber Amplifier,EDFA)工作在 1.55 μm 窗口的损耗系数较1.31 μm 窗口的低,仅 0.2 dB/km。已商用的 EDFA 噪声低、增益曲线好、放大器带宽大,与波分复用(WDM)系统兼容,泵浦效率高,工作性能稳定,技术成熟,在现代长途高速光通信系统中备受青睐。目前,"掺铒光纤放大器(EDFA)+ 密集波分复用(DWDM)+ 非零色散光纤(NZDF)+

光子集成（PIC）"正成为国际上长途高速光纤通信线路的主要技术方向。

（二）了解掺镨光纤放大器

掺镨光纤放大器（Praseodymium Doped Fiber Amplifier，PDFA）工作在 1.31 μm 波段，已敷设的光纤 90% 都工作在这一窗口。PDFA 对现有通信线路的升级和扩容有重要的意义。目前，已经研制出低噪声、高增益的 PDFA，但是，它的泵浦效率不高，工作性能不稳定，增益对温度敏感，离实用还有一段距离。

（三）熟悉非线性 OFA

非线性 OFA 是利用光纤的非线性实现对信号光放大的一种激光放大器。当光纤中光功率密度达到一定阈值时，将产生受激拉曼散射（SRS）或受激布里渊散射（SBS），形成对信号光的相干放大。非线性 OFA 可相应分为拉曼光纤放大器（RFA）和布里渊光纤放大器（BFA）。目前研制出的 RFA 尚未商用化。

（四）介绍半导体激光放大器

其结构大体上与激光二极管相同。如果在 F-P 腔两个端面镀反射率合适的介质膜就形成了 F-P 型 LD 光放大，又称为驻波垫光放大；如果在两端面根本不镀介质膜或者增透膜则形成行波型光放大。半导体激光器指的是前者，而半导体光放大器指的是后者。

三、掌握光纤放大器的重要指标

（一）介绍光放大器的增益

1. 增益 G 与增益系数 g

放大器的增益定义为

$$G = \frac{P_{out}}{P_{in}} \tag{2-3-1}$$

式中，P_{out}、P_{in} 分别为放大器输出端与输入端的连接信号功率。放大器增益与增益系数 g 有关，在沿光纤方向上，增益系数和光纤中掺杂的浓度有关，还和该处信号光和泵浦光的功率有关，所以它应该是长度的函数，即

$$dP = g(z)P(z)dz \tag{2-3-2}$$

式中，z 代表光纤长度，将 $g(z)$ 在光纤长度上进行积分并令始端功率为 P_{in}，则得到

$$P(z) = P_{in}\exp\int_0^1 g(z)dz \tag{2-3-3}$$

对于给定光纤长度 l_1，则光纤放大器的输出功率为

$$P_{out} = P_{in}\exp\int_0^{l_1} g(z)dz \tag{2-3-4}$$

将式（2-3-4）代入式（2-3-1），可得

$$G = \exp\int_0^{l_1} g(z)dz \tag{2-3-5}$$

2. 放大器的带宽

人们希望放大器的增益在很宽的频带内与波长无关。这样在应用这些放大器的系统中，便可放宽单通道传输波长的容限，也可在不降低系统性能的情况下，极大地增加 WDM 系统的通道数目。但实际放大器的放大作用有一定的频率范围，定义小信号增益低于峰值小信号增益 N（dB）的频率间隔为放大器的带宽，通常 $N = 3$ dB，因此在说明放大器带宽时应该指明 N 值的大小。当取 3 dB 时，G 降为 G_0 的一半，因而也称半高全宽带宽。

3. 增益饱和与饱和输出功率

由于信号放大过程消耗了高能级上的粒子,因而使增益系数减小,当放大器增益减小为峰值的一半时,所对应的输出功率就称为饱和功率,这是放大器的一个重要参数。

(二)放大器噪声

放大器本身产生噪声,放大器噪声使信号的信噪比 SNR 下降,造成对传输距离的限制,是光放大器的另一重要指标。

1. 光纤放大器的噪声来源

光纤放大器的噪声主要来自它的放大自发辐射(Amplified Spontaneous Emission,ASE)。如前所述,在激光器中,自发辐射是产生激光振荡必不可少的,而在放大器中它却是噪声的主要来源,它与放大的信号在光纤中一起传输、放大,降低了信号光的信噪比。

2. 噪声系数

由于放大器中产生自发辐射噪声,使得放大后的信噪比下降。任何放大器在放大信号时必然要增加噪声,劣化信噪比。信噪比的劣化用噪声系数 F_n 来表示。它定义为输入信噪比与输出信噪比之比,即

$$F_n = \frac{(SNR)_{in}}{(SNR)_{out}} \tag{2-3-6}$$

$(SNR)_{in}$ 和 $(SNR)_{out}$ 分别代表输入与输出的信噪比。它们都是在接收机将光信号转换成光电流后的功率来计算的。

四、分析光纤放大器工作原理

图 2-3-2 所示为掺铒光纤放大器(EDFA)的工作原理,说明了光信号为什么会放大的原因。从图 2-3-2(a)可以看到,在掺铒光纤(EDF)中,铒离子(Er^{3+})有 3 个能级:其中能级 1 代表基态,能量最低;能级 2 是亚稳态,处于中间能级;能级 3 代表激发态,能量最高。当泵浦光的光子能量等于能级 3 和能级 1 的能量差时,铒离子吸收泵浦光从基态跃迁到激发态(1~3),但是激发态是不稳定的,Er^{3+} 很快返回到能级 2。如果输入的信号光的光子能量等于能级 2 和能级 1 的能量差,则处于能级 2 的 Er^{3+} 将跃迁到基态,产生受激辐射光,因而信号光得到放大。由此可见,这种放大是由于泵浦光的能量转换为信号光的结果。为提高放大器增益,应提高对泵浦光的吸收,使基态 Er^{3+} 尽可能跃迁到激发态。图 2-3-2(b)所示为 EDFA 增益和吸收频谱。

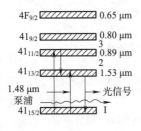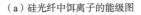
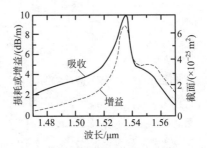

(a)硅光纤中铒离子的能级图　　(b)EDFA的吸收和增益频谱

图 2-3-2　掺铒光纤放大器的工作原理

图 2-3-3(a)所示为输出信号光功率和输入泵浦光功率的关系。由图可见,泵浦光功率转换为信号光功率的效率很高,达到 92.6%,当泵浦光功率为 60 mW 时,吸收效率[(信号输出光功率 – 信号输入光功率)/泵浦光功率]为 88%。

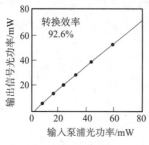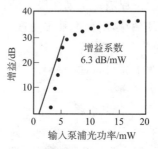

（a）输出信号光功率与泵浦光功率的关系　　　（b）小信号增益与泵浦光功率的关系

图 2-3-3　掺铒光纤放大器的特性

图 2-3-3（b）所示为小信号条件下增益和泵浦光功率的关系,当泵浦光功率小于 6 mW 时,增益线性增加,增益系数为 6.3 dB/mW。

（一）了解掺铒光纤放大器的构成和特性

图 2-3-4 所示为光纤放大器构成原理。掺铒光纤（EDF）和高功率泵浦光源是关键器件,把泵浦光与信号光耦合在一起的波分复用器和置于两端防止光反射的光隔离器也是不可缺少的。

（a）光纤放大器原理图

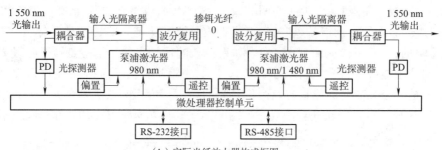

（b）实际光纤放大器构成框图

图 2-3-4　光纤放大器原理和构成框图

设计高增益掺铒光纤（EDF）是实现光纤放大器的技术关键,EDF 的增益取决于 Er^{3+} 的浓度、光纤长度和直径及泵浦光功率等多种因素,通常由实验获得最佳增益。对泵浦光源的基本要求是大功率和长寿命。波长为 1 480 nm 的 InGaAsP 多量子阱（MQW）激光器,输出光功率高达 100 mW,泵浦光转换为信号光效率在 6 dB/mW 以上。波长为 980 nm 的泵浦光转换效率更高,达 10 dB/mW,而且噪声较低,是未来发展的方向。对波分复用器的基本要求是插入损耗小,熔拉双锥光纤耦合器型和干涉滤波型波分复用器最适用。光隔离器的作用是防止光反射,保证系统稳定工作和减小噪声,对它的基本要求是插入损耗小、反射损耗大。

图 2-3-5 所示为 EDFA 增益、噪声指数和输出信号光功率与输入信号光功率的关系曲线。在泵浦光功率一定的条件下,当输入信号光功率较小时,放大器增益不随输入信号光功率而变

化,基本上保持不变。当信号光功率增加到一定值(一般为 − 20 dBm)后,增益开始随信号光功率的增加而下降,因此出现输出信号光功率达到饱和的现象。表 2-3-1 所示为国外几家公司 EDFA 的技术参数。

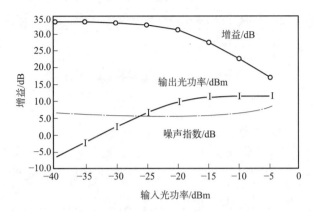

图 2-3-5　EDFA 增益、噪声指数和输出光功率与输入光功率的关系曲线

表 2-3-1　国外几家公司 EDFA 的技术参数

公司名称	型　　号	光增益 /dB	最大输出功率 /dBm	噪声指数 /dB	工作波长 /nm	泵浦波长 /nm	工作温度 /℃	工作带宽 /nm
TechSight Inc （加拿大）	FA102	28	10	4.5	1 530 ~ 1 560	980	0 ~ 60	30
	FA1006	38	16	6	1 530 ~ 1 560	1 480	0 ~ 60	30
AT&T （美国）	X1706XJ	30	11.5	8	1 540 ~ 1 560	1 480	− 5 ~ 40	20
	X1706XQ	35	15.5	8	1 540 ~ 1 560	1 480	− 5 ~ 40	20
BT&T （英国）	EFA200X		15	4.5	1 530 ~ 1 565	1 480	− 40 ~ 60	35
	EFA201X		15	< 4.0	1 530 ~ 1 565	980	− 40 ~ 60	35
PITEL （日本）	ErFA1 110 − 1115	25 ~ 33	10 ~ 15	< 7	1 552	1 480	0 ~ 40	30
	ErFA1118	> 35	18	< 7	1 552	1 480	0 ~ 40	30
CORNING （康宁）	单泵功放		12 ~ 13	4		980	0 ~ 65	
	双泵功放		15 ~ 16	4		980	0 ~ 65	
	双泵 CATV 功放	25	16	4	1 530 ~ 1 560	980	0 ~ 65	
	线路放大			4	1 549 ~ 1 561	980	0 ~ 65	
	有调谐滤波器的前放	24 ~ 30		4		980	0 ~ 65	
	WDM 线路放火器	33 ~ 34	16.5	4		980	0 ~ 65	12

(二)讨论掺铒光纤放大器的泵浦方式

泵浦激光器为光放大器源源不断地提供能量,在放大过程中将能量转换为信号光的能量,目前商用化的光放大器一般都采用以下 3 种泵浦方式:同向泵浦、反向泵浦、双向泵浦。本书所提供 EDFA 的结构框图即为双向泵浦方式。

1. 同向泵浦

同泵浦的结构框图如图 2-3-6 所示。在这种方案中,泵浦光与信号光从同一端注入掺铒光纤,在掺铒光纤的输入端,泵浦光较强,其增益系数大,信号一进入光纤即得到较强的放大。但由于吸收泵浦光将沿光纤长度而衰减,使得信号光在一定的光纤长度上达到增益饱和而使噪声增加。同向泵浦的优点是构成简单、噪声性能较好。

图 2-3-6　同向泵浦的结构框图

2. 反向泵浦

反向泵浦也称后向泵浦,其结构框图如图 2-3-7 所示。

在这种方案中,泵浦光与信号光从不同的方向输入掺铒光纤,两者在光纤中反向传输,其优点是:当光信号放大到很强时,泵浦光也强,不易达到饱和,因而具有较高的输出功率。

图 2-3-7　反向泵浦的结构框图

3. 双向泵浦

为了使 EDFA 中铒粒子得到充分激励,必须提高泵浦功率,可用 2 个泵浦源激励掺铒光纤。双向泵浦方案的结构框图如图 2-3-8 所示。

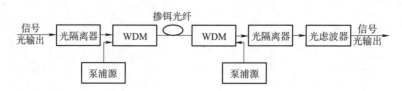

图 2-3-8　双向泵浦的结构框图

这种方式结合了同向泵浦和反向泵浦的优点,使泵浦光在光纤中均匀分布,从而使其增益在光纤中也均匀分布。这种配置具有更高的输出信号功率,最多可以比上述单向泵浦型高6 dB,而且 EDFA 的性能与信号传输方向无关。

4. 三种泵浦方式的比较

(1)信号输出功率。图 2-3-9 所示为 3 种泵浦方式下信号输出功率与泵浦光功率之间的关系,这 3 种方式的微分转换效率不同,数值分别为 61%、76%、77%,在同样的泵浦条件下,同向泵浦光的输出最低。

(2)噪声特性。图 2-3-10 所示为噪声系数与输出光功率之间的关系,由于输出功率加大将导致粒子反转数的下降,因而在未饱和区,同向的噪声系数最小,但在饱和区,情况将发生变化。噪声系数 NF 与光纤长度的关系如图 2-3-11 所示,从图中可以看出,不管掺铒光纤的长度如何,同向泵浦光放大器的噪声都最小。

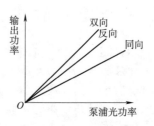

图 2-3-9　信号输出功率与泵浦光功率的关系

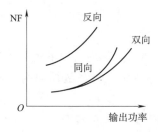
图 2-3-10　噪声系数与输出光功率的关系

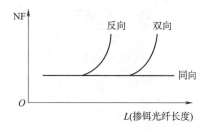
图 2-3-11　噪声系数与光纤长度的关系

（3）饱和输出特性。同向泵浦光放大器的饱和输出功率最小，双向泵浦光放大器的输出功率最大，且光放大器的性能与输入信号方向无关。虽然其性能最佳，但由于增加了一个泵浦激光器及相应的控制电路，成本较高。

（三）掌握掺铒光纤放大器的优点

EDFA 研制成功并投入使用，迅速得到发展，把光纤通信技术水准推向一个新高度，成为光纤通信发展史上一个重要的里程碑。其主要优点如下：

（1）工作波长处在 1.53～1.56 μm 范围，与光纤最小损耗窗口一致。

（2）所需的泵浦源功率低，仅需几十毫瓦，而拉曼放大器需要 0.5～1 W 的泵浦源进行激励。

（3）增益高，噪声低，输出功率大。

（4）连接损耗低，因为是光纤放大器，因此与光纤连接比较容易，连接损耗可低至 0.1 dB。

如果加上 1 310 nm 掺镨光纤放大器（PDFA），频带可以增加 1 倍，所以"波分复用 + 光纤放大器"被认为是充分利用光纤带宽增加传输容量最有效的方法。由于以上优点，掺铒光纤放大器在各种光放大器中应用最为广泛。

五、熟悉掺铒光纤放大器的应用

（一）应用形式

1 550 nm EDFA 在各种光纤通信系统中得到广泛应用，并取得了良好效果。前面已经介绍过的副载波 CATV 系统、WDM 或 OFDM 系统、相干光系统及光孤子通信系统，都应用了 EDFA，并大幅增加了传输距离。EDFA 的应用归纳起来可以分为 3 种形式，如图 2-3-12 所示。

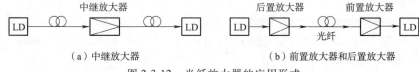

（a）中继放大器　　　　　　　（b）前置放大器和后置放大器
图 2-3-12　光纤放大器的应用形式

（1）中继放大器（Line Amplifier，LA）。在光纤线路上每隔一定距离设置一个光纤放大器，以延长干线网的传输距离。作为中继放大器时 EDFA 的特点如下：

● 中继距离长。采用"光-电-光"方式的中继距离一般为 70～80 km，而光放大器作中继的距离可超过 150 km。

● 可用作数字、模拟及相干光通信的线路放大器。例如，采用 EDFA 作为线路放大器，不管传输数字信号还是模拟信号，都不必改变 EDFA 设备。

● EDFA 可传输不同的码率。如果需要扩容,由低码率改为高码率时,不需要改变 EDFA 线路设备。

● EDFA 作为线路放大器,可在不改变原有噪声特性和误码率的前提下直接放大数字、模拟或二者混合的数据格式。特别适合光纤传输网络升级,在语言、图像、数据同网传输时,不必改变 EDFA 线路设备。

● 一个 EDFA 可同时传输若干个波长的光信号。用光波复用扩容时,不必改变 EDFA 线路设备。

● EDFA 用作线路放大器,不必经过光电转换,可以直接对光信号放大,结构简单、可靠。

(2)前置放大器(Preamplifier,PA)。此放大器置于光接收机前面,放大非常微弱的光信号,以改善接收灵敏度。作为前置放大器,对噪声要求非常苛刻。

(3)后置放大器(Booster Amplifier,BA)。此放大器置于光发射机后面,以提高发射光功率,对后置放大器噪声要求不高,而饱和输出光功率是主要参数。

(二)EDFA 对传输系统的影响

由于 EDFA 的出现,解决了光纤传输系统中的许多问题,但同时也产生了新的问题。

(1)非线性问题。采用 EDFA 后,提高了注入光纤的光功率,但当大到一定数值时,将产生光纤非线性效应(包括拉曼散射和布里渊散射),尤其是布里渊散射(SBS)受 EDFA 的影响最为严重,它限制了 EDFA 的放大性能和长距离无中继传输的实现。解决的方法有减少光纤的非线性系数、提高 SBS 的功率阈值。

(2)光浪涌问题。EDFA 的采用可使输入光功率迅速增大,但由于 EDFA 的动态增益变化较慢,在输入信号跳变的瞬时将产生浪涌,即输出光功率出现"尖峰",尤其是在 EDFA 级联时,光浪涌更为明显。峰值功率可达数瓦,有可能造成光电变换器和光连接器端面的损坏。解决的方法是在系统中加入光浪涌保护装置,即控制 EDFA 泵浦功率来消除光浪涌。

(3)色散问题。采用 EDFA 后,衰减限制的问题得以解决,传输距离大幅增加,但总的色散也随之增加。原来的衰减限制系统变成了色散限制系统。解决的方法是通过在光纤线路上增加色散补偿光纤(DCF)抵消原光纤的正色散,实现长距离的传输。

六、了解掺镨光纤放大器

掺镨光纤放大器(PDFA)与 EDFA 同属于掺杂光纤放大器一类,EDFA 已广泛应用于光传输系统,现有的广电系统网络有很大一部分工作于 $1.3~\mu m$ 波长,如果能提供光纤放大器,则已大量敷设的 $1.3~\mu m$ 波长光纤 CATV 系统与光纤通信系统就可以顺利扩容升级,具有重要的经济意义。经过研究人员的不懈努力,目前 PDFA 技术趋于成熟并实现了整机商用化。鉴于此,此处对 PDFA 进行详尽介绍。

PDFA 是工作于 1 300 nm 波长的、以掺镨光纤作为增益介质的、以 1 017 nm 附近波长的激光器作为泵浦光源的一种光纤放大器,PDFA 的特性主要取决于掺镨光纤的吸收和发射特性,即光谱特性,而其光谱特性则取决于镨离子(Pr^{3+})的能级结构。

(一)认识掺镨光纤的能级结构

掺镨光纤采用氟玻璃作为基质材料,这种掺镨光纤的能级结构如图 2-3-13 所示,这是一种准 4 能级系统,$^1G_4$、$^1D_2$ 和 $^3P_0$ 的能级寿命为 110 μs、350 μs 和 58 μs,泵浦光子的基态吸收(GSA)发生在 $^3H_4$ 能级和 $^1G_4$ 能级之间,同时泵浦光子在 $^1G_4 \sim ^3P_0$ 能级间及 $^1G_4 \sim ^1D_2$ 间产生激发态吸收

（ESA）以及在亚稳能级 $^1G_4$ 和基态 $^3H_4$ 能级间产生受激辐射（1 050 nm 附近有很强的 ASE）。信号光子被 $^1G_4 \sim {}^3H_5$ 产生的 1 310 nm 的受激辐射光放大，信号光子同时被 $^3H_4 \sim {}^3F_4$ GSA 和 $^1G_4 \sim {}^1D_2$ ESA 吸收。

另外，由于 $^1G_4 \sim {}^3H_5$ 能级之间的能量差与 $^1G_4 \sim {}^1D_2$ 能级之间的能量差是相互匹配的，因而在（ $^1G_4 \sim {}^1D_2$ ）与（ $^1G_4 \sim {}^3H_5$ ）能级之间产生交互变换跃迁的效应，这种效应会使亚稳能级 $^1G_4$ 上的粒子数减少，从而使增益特性变差。泵浦光子因激发态吸收而跃迁到 $^3P_0$ 能级及 $^1D_2$ 能级的粒子后发生迟豫跃迁而转移到 $^1G_4$ 上，其泵浦分路系数分别为 $B_{64} = 2\%$ 和 $B_{54} = 9\%$ 。

在上述的放大机理中，在 $^1G_4$ 能级的 P_r^{3+} 离子因为多声子弛豫而非常容易跃迁到 $^3F_4$ 能级，因此，要提高放大效率，就必须尽量减少 $^1G_4 \sim {}^3F_4$ 的非辐射跃迁，其能级间隔为 3 000（l/cm），通过选择声子能量尽可能小的玻璃基质可以减少 $^1G_4 \sim {}^3F_4$ 的能级间隔，从而可以减少 $^1G_4 \sim {}^3F_4$ 的非辐射跃迁。正是基于低的多声子弛豫率和低的损耗光纤制造技术，ZrF_4 氟化物玻璃基质的 PDF 适合制造 PDFA。

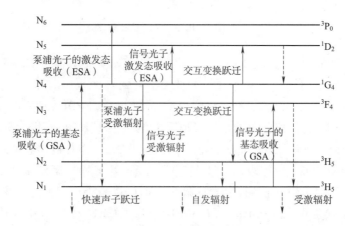

图 2-3-13　掺镨光纤的能级结构

（二）了解掺镨光纤的光谱特性

掺镨光纤的光谱特性如图 2-3-14 所示。

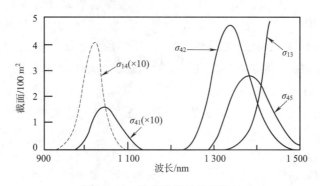

图 2-3-14　掺镨光纤的光谱特性

图 2-3-14 中，σ_{14} 为泵浦吸收截面，可以看出泵浦带较宽，中心波长在 1 015 nm 处；σ_{41} 为自发辐射截面，峰值波长在 1 050 nm 附近；σ_{42} 为发射截面，中心波长在 1 310 nm 处，提供信号光的放大；σ_{45} 为激发态吸收（ESA）截面，产生了一个峰值在 1 380 nm 附近的激发态吸收带，其短

波长延伸至 1 290 nm,因而能将波长大于 1 290 nm 的信号吸收,限制了放大器的性能;σ_{13} 为基态吸收(GSA)截面,其峰值波长为 1 440 nm。从图 2-3-14 可以看出放大器的长波长部分性能会受到 σ_{13} 和 σ_{45} 的影响。

(三)掌握掺镨光纤放大器的结构

目前商用化 PDFA 常采用的结构框图如图 2-3-15 所示。

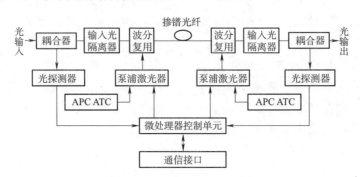

图 2-3-15　PDFA 常用结构框图

从图 2-3-15 中可以看出,它与 EDFA 的结构基本一致,关键元器件的采用与 EDFA 相同,但由于两者工作的波段不同、增益特性不同,关键元器件的性能也略有差异。鉴于在介绍 EDFA 时对各分部元器件的原理及结构已做了详细说明,此处仅介绍 PDFA 固有的性能特点。

(1)泵浦源。实验结果表明,PDFA 的峰值泵浦波长在 1 017 nm 附近,但整个 – 3 dB 增益的泵浦带宽很宽,达到 988 ~ 1 033 nm(45 nm)的泵浦范围,工作在最佳波长附近的 1 017 nm 普通半导体激光器、MO2PA 半导体激光器、1 047 nm 的 Nd:YLF 固体激光器、1 029 nm 的 Yb:YAG 固体激光器和 1 010 ~ 1 030 nm 的掺钇光纤激光器都可以用于 PDFA 的泵浦源,其中最有优势同时也已商用的泵浦类型是 LD、MOPA-LD 和 ND:YLF 激光器,鉴于 PDFA 的泵浦激光器的功率是 EDFA 的激光器功率的数倍,工作电流比较大,因而泵浦激光器的高可靠性是关键技术,同时 APC、ATC 电路也有控制难度。

(2)掺镨光纤。掺镨光纤的增益系数比掺铒光纤的增益系数小得多,目前掺镨 ZBLAN 光纤的小信号增益系数可达到 0.25 dB/mW(掺铒光纤的增益系数可达到 11 dB/mW)。据报道,硫化物玻璃、InF4 氟化物玻璃、混合卤化物玻璃已达到更高的放大效率,对于掺镨光纤的优化,除了上述使用声子能量很低的玻璃基质外,另一种较实用的方案是优化 PDF 的参数,通常采用的是优化芯径的掺镨浓度。实验数据表明,掺镨浓度为 1×10^{-3}、长度为 7 m 的 PDF 与掺镨浓度 5×10^{-4}、长度为 14 m 的 PDF 在 1 017 nm 波长的泵源泵浦下,前者更易达到增益饱和,相应的小信号增益也很低。此外,提高光纤的数值孔径、减小 PDF 的散射损耗也可以显著提高增益系数。

(3)掺镨光纤与普通光纤的连接技术。PDF 的数值孔径很大、芯径较细,而普通光耦合器与光隔离器用的单模光纤的数值孔径很小、芯径较粗,而且两种光纤的成分不同,因而直接熔接时损耗较大。目前采用特殊的 V-groove 连接技术和 TEC 熔接技术可将 PDF 与普通光纤的连接损耗降低到 0.3 dB 以下。

除以上几点外,PDFA 的光路结构对其性能也有很大影响,双向泵浦的增益系数可比前向泵浦的增益系数高 0.05 dB/mW,因而对 PDFA 的光路结构进行优化可以获得更好的性能。

七、讨论半导体光放大器

人们在研究开发光纤通信的初期就已着手研制半导体光放大器(SOA),但受噪声、偏振相关性、连接损耗、非线性失真等因素的影响,其性能达不到实用化要求。应用量子材料的 SOA 具有结构简单、可批量生产、成本低、寿命长、功耗小等优点,并且便于与其他部件一块集成,可望制作出 1 310 nm 和 1 540 nm 波段的宽带放大器,以覆盖 EDFA、PDFA 的应用窗口。SOA 在波长变换器中的应用现已引起广泛重视,并将逐步得到应用。

(一)分析 SOA 的放大原理

半导体光放大器的工作原理与所有的光放大器一样,也是利用受激辐射来实现对入射光功的放大的,产生受激辐射所需的粒子数反转机制与半导体激光器中使用的完全相同,即采用正向偏置的 PN 结,对其进行电流注入,实现粒子数反转分布。SOA 与半导体激光器的结构相似,但它没有反馈而反馈机制对产生相干激光是很必要的。因此,SOA 能放大光信号,但不能产生相干的光输出。

SOA 的基本工作原理如图 2-3-16 所示,其中启动介质(有源区)吸收了外部泵浦提供的能量,电子获得了能量跃迁到较高的能级,产生粒子数反转。输入光信号会通过受激辐射过程激活这些电子,使其跃迁到较低的能级,从而产生一个放大的光信号。

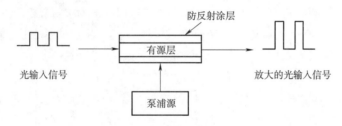

图 2-3-16　SOA 的基本工作原理

SOA 有两种主要结构:法布里-珀罗放大器(FPA)和非谐振的行波放大器(TWA)。

在 FPA 中,形成 PN 结有源区的晶体的两个解理面作为法布里-珀罗腔的部分反射镜,其自然反射率达到 32%。为了提高反射率,可在两个端面上镀多层介电薄膜。当光信号进入腔内后,它在两个端面来回反射并得到放大,直至以较高的功率发射出去。FPA 的制作容易,但要求注入电流的稳定性较高,光信号的输出对放大器的温度和入射光的频率变化敏感。

TWA 的结构与 FPA 的基本相同,但两个端面上镀的是增透膜,习惯称为防反射膜或涂层AR。镀防反射层的目的是为了减少 SOA 与光纤之间的耦合损耗,因此有源区不会发生内反射,但只要注入的电流在阈值以上,在腔内仍可获得增益,入射光信号只需通过一次 TWA 就会得到放大。TWA 的功率输出高,对偏振的灵敏度低,光带宽宽,因而它比 FPA 使用更广泛。

SOA 的最大优点是它使用 InGaAsP 来制造,因此体积小、紧凑,可以与其他半导体和组件集成在一起。SOA 的主要特性如下:

(1)与偏振无关,因此需要保偏光纤。

(2)具有可靠的高增益(20 dB)。

(3)输出饱和功率范围是 5 ~ 10 dBm。

(4)具有大的带宽。

（5）工作在 0.85 μm、1.30 μm、1.55 μm 波长范围。

（6）小型化的半导体器件易于和其他器件集成。

（7）几个 SOA 可以集成为一个数组。

但是，由于非线性现象（四波混频），SOA 的噪声指数高，串扰电平高。

（二）概述 SOA 的性能与应用

SOA 的应用主要集中在以下几方面：

1. 光信号放大器

因为在世界范围内已敷设了大量的常规单模光纤，还有很多系统工作在 1.30 μm 波段，并需要周期性的在线放大器，而工作波长为 1.30 μm 的 EDFA 目前尚未达到实用化的水平，所以仍然需要 SOA。

2. 光电集成器件

半导体光放大器可与光纤放大器相抗衡的优点是体积小、成本低及可集成性，即可以集成在含有很多其他光电子器件的基片上。

3. 光开关

除了能提供增益外，半导体放大器在光交换系统中可以作为高速开关组件使用。因为半导体在有泵浦时可以产生放大，而在没有泵浦时产生吸收。其运转很简单，当提供电流泵浦时信号通过，而需要信号阻断时将泵浦源断开。通过的信号因半导体中载流子数反转而得到放大，而受阻的信号则因为没有达到载流子反转数而被吸收。值得注意的是，只有半导体放大器才能完成高速交换，在光纤放大器中由于载流子寿命太长而难以做到这一点。

4. 全光波长变换器

SOA 的一个主要应用是利用 SOA 中发生的交叉增益调制、交叉相位调制和四波混频效应来实现波长转换。

八、介绍拉曼光纤放大器

传统的掺铒光纤放大器存在带宽较窄、噪声较高等诸多不足，已不能完全满足需要。拉曼光纤放大器（Raman Fiber Amplifier，RFA）的放大范围更宽、噪声指数更低，是满足这些要求的理想产品，是实现高速率、大容量、长距离光纤传输的关键器件之一。目前，拉曼光纤放大器已成为光通信领域中的新热点。

拉曼光纤放大器的工作原理基于石英光纤中的非线性效应-受激拉曼散射（SRS）。在一些非线性光学介质中，高能量（波长短、频率高）的泵浦光散射，将一小部分入射功率转移到另一频率下移的光束，频率下移量由介质的振动模式决定，此过程称为受激拉曼散射效应。

拉曼光纤放大器有两种类型：一种为集总式拉曼光纤放大器，所用的增益光纤比较短，一般为几千米，但是泵浦功率要求很高，一般要几到十几瓦可产生 40 dB 以上的高增益，主要作为高增益、高功率放大，可放大 EDFA 所无法放大的波段；另一种为分布式拉曼光纤放大器（DRA），所用的光纤比较长，一般为几十至上百千米，泵浦功率可降低到几百毫瓦，主要用于辅助 EDFA 提高光传输系统的性能，抑制非线性效应，提高信噪比，增大传输距离。

（一）概述光纤的受激拉曼散射及其应用

受激拉曼散射是光纤中很重要的非线性效应，它可看作是介质中分子振动对入射光（称为泵浦光）的调制，即分子内部粒子间的相对运动导致分子感应电偶极矩随时间的周期性调制，从而对入射光产生散射作用。设入射光的频率为ω_L,介质的分子振动频率为ω_v,则散射光的频率为$\omega_s = \omega_L - \omega_v$和$\omega_{as} = \omega_L + \omega_v$,这种现象称为受激拉曼散射,所产生的频率为$\omega_s$的散射光称为斯托克斯波,频率为$\omega_{as}$的散射光称为反斯托克斯波。对斯托克斯波可用物理语言描述如下:一个入射的光子消失,产生了一个频率下移的光子和一个有适当能量和动量的光子,使能量和动量守恒。

拉曼散射过程的数学描述为

$$\frac{\mathrm{d}I_S}{\mathrm{d}z} = g_R \cdot I_P \cdot I_S \tag{2-3-7}$$

式中,I_S为斯托克斯波的光强;z为传输距离;g_R为拉曼增益系数;I_P为泵浦波光强。

拉曼增益的最显著特征是增益系数g_R延伸覆盖一个很大的频率范围(可达 40 GHz),即增益谱很宽,在$\lambda = 1\ \mu m$附近,$g_R = 10^{-13}\ m/W$,并随波长成反比变化。要获得明显的非线性作用,输入的泵浦功率必须足够强,即必须达到某一阈值。拉曼散射的阈值泵浦功率P_R可近似表示为

$$P_R = \frac{16 A_{\mathrm{eff}}}{L_{\mathrm{eff}} g_R} \tag{2-3-8}$$

式中,A_{eff}为纤芯有效面积(或称有效截面积),$A_{\mathrm{eff}} = \pi S_0^2$,$S_0$为单模光纤的模场半径;$L_{\mathrm{eff}}$为光纤的有效互作用长度,$L_{\mathrm{eff}} = [1 - \exp(-aL)]/A$,$L$为光纤长度,$a$为光纤的衰减系数,当光纤较长时$L_{\mathrm{eff}}$也长。$P_R$的单位为 W。

由上面公式可以看出,阈值泵浦功率与光纤的有效纤芯面积成正比,与拉曼增益系数成反比,且随光纤的有效长度的增加而下降,尤其对于超低损耗的单模光纤,拉曼阈值会很低。对于长光纤,在$\lambda = 1.55\ \mu m$、$A_{\mathrm{eff}} = 50\ \mu m^2$时,预测的拉曼阈值是 600 mW。此外,从泵浦波到斯托克斯波的转换效率很高。上述频率为ω_L的光波为一阶斯托克斯波,当一阶斯托克斯波足够强时,它会充当泵浦波再产生二阶的斯托克斯波,依次类推,可以产生多阶的斯托克斯波输出。

(二)简述拉曼光纤放大器的放大机理

受激拉曼散射是光纤中的一个很重要的非线性效应过程,在非线性介质中入射的光子与介质分子振动的声子相互作用,入射光波的光子被介质分子散射成低频的斯托克斯光子,同时其余能量转移给声子,分子完成振动态之间的跃迁,如图 2-3-17 所示。

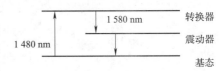

图 2-3-17　分子完成振动态之间的跃迁示意图

若在光纤中耦合进泵浦光作为入射光,经过分子的散射作用产生斯托克斯波的频移光,当输入进光纤的光信号的频率与斯托克斯波的频率相同时,光信号将得到增强,其频率下移量由介质的振动模式和入射泵浦光决定。因此,通过选择不同的泵浦光,可得到所需的信号光的放大或振荡,当采用多个不同波长的泵浦时可以得到超宽带的放大。石英中拉曼增益最显著的特征是:有一个很宽的频率范围(达 40 THz),并且在 13 THz 附近有一个较宽的主峰,这些性质是由于石英玻璃的非晶特性所致。在石英非晶材料中,分子的振动频率展宽成频带,这些频带交叠并产生连续态。

与大多数介质在特定频率上产生拉曼增益的情况不同,石英光纤中的拉曼增益可在一个很宽的范围内连续产生。当一束频率为F的光波在光纤的输入端与泵浦波同时入射时,受激拉曼散射将导致斯托克斯波的产生,其频率由拉曼增益峰决定,只要频差位于拉曼增益的带宽内,

那么泵浦光就会转移一部分能量到弱的输入信号光,弱信号光即可得到放大。

（三）分析拉曼光纤放大器的结构及特点

拉曼光纤放大器主要由增益介质光纤、泵浦源及一系列辅助功能电路等构成,商用化产品视光纤类型、泵浦类型和方式、放大方式不同而有多种结构。拉曼光放大器可以采用一般的传输光纤,为取得更高的放大效率,实用化产品一般都采用具有高非线性的光纤。

泵浦源有多种选择,可以利用单泵方式、双泵方式或多泵激励方式。对每个泵浦源所给出的泵浦波长和泵浦功率需进行精心设计,以确保整机的最佳性能。具体采用分布放大方式还是集中放大方式,其理论与技术问题的解决方案是显著不同的,从而导致拉曼光纤放大器有多种不同的结构类型。从大的方面来分,拉曼光放大器有两种类型:

（1）集总式拉曼光放大器,所用的增益光纤比较短,一般在几千米,但对泵浦功率要求较高,一般为几到十几瓦,可产生 40 dB 以上的高增益,主要作为高增益、高功率放大,可放大到 EDFA 所无法放大的波段。实验表明,色散补偿型光纤是得到高质量集总式拉曼光纤放大器的最佳选择。

（2）分布式拉曼光纤放大器,所用的光纤比较长,一般为几十至上百千米,泵浦功率可降低到几百毫瓦,主要用于辅助 EDFA 提高光传输系统的性能,抑制非线性效应,提高信噪比,增大传输距离。由于分布式拉曼光放大器是分布式获得增益的过程,其等效噪声比集总式放大器要小,噪声指数为 −2～0 dB。分布式拉曼光放大器由于光传输系统传输容量提升的需要而得到迅速发展。

图 2-3-18 所示为双泵浦拉曼光放大器的结构,其泵浦波长分别为 1 366 nm 和 1 455 nm,泵浦功率分别为 800 mW 和 200 mW,利用传输光纤作为增益介质,对输入的光信号进行放大。

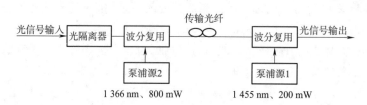

图 2-3-18　双泵浦拉曼光放大器的结构

（四）比较拉曼光纤放大器的优点与缺点

拉曼光纤放大器是利用光纤的受激拉曼散射效应产生的增益机制对光信号进行放大,与其他光放大器相比具有明显的优点。

（1）增益介质为传输光纤本身,利用现有的传输光纤即可实现对信号光的放大,而不需要其他增益介质。由于放大是沿光纤分布而不是集中作用,光纤中各处的信号光功率都比较小,从而可降低非线性效应尤其是四波混频效应的干扰,与 EDFA 相比优势相当明显。

（2）与光纤线路耦合损耗小。因为增益介质为传输光纤本身,因而连接损耗与普通光纤连接损耗值相当,一般连接损耗小于 0.1 dB。

（3）低噪声是拉曼放大器最优异的性能,其噪声系数可以低到 3 dB 以下,优于 EDFA,因此常与 EDFA 混合使用。二者配合使用可以有效降低系统总噪声,提高系统的信噪比,从而延长中继传输距离及总传输距离。前级用拉曼放大器,可以实现超宽带和低噪声放大。在实际应用中,由于 EDFA 的增益和输出功率比拉曼放大器大,将其放在后级,可以得到大的输出功率。单个 EDFA 的增益带宽不够大,常采用数个不同波段的 EDFA 并联使用,以适应拉曼放大器的宽带特性。

(4)增益带宽宽,理论上可得到任意波长的信号放大。单波长泵浦时可实现 40 nm 左右的增益带宽;当采用多波长泵浦时,增益带宽可很容易地实现高于 200 nm 的宽带放大,同时获得 20 ~ 40 dB 的增益。而 EDFA 由于能级跃迁机制所限,增益带宽最大只有 100 nm 左右。

(5)增益稳定性能好、成本较低。拉曼光纤放大器的主要缺点是:所需的泵浦光功率大,集总式要几瓦到几十瓦,分布式要几百毫瓦;作用距离长,分布式作用距离要几十到上百千米,只适合于长途干线网的低噪声放大。

(五)讨论拉曼光纤放大器的应用

1. 增大无中继传输距离

无中继传输距离主要是由光传输系统信噪比决定的,分布式拉曼光纤放大器的等效噪声指数极低,为 - 2 ~ 0 dB,比 EDFA 的噪声指数低 4.5 dB,利用分布式拉曼光纤放大器作前置放大器可明显增大无中继传输距离。康宁公司通过实验和系统建模发现,2.5 倍的延伸是有可能的。

2. 提升光纤的复用程度和光网络的传输容量

分布式拉曼光纤放大器的低噪声特性可以减小信道间隔,提高光纤传输的复用程度和传输容量。从数值模拟可以得到,原始设计为 10 Gbit/s,通道间隔为 100 GHz 的系统,采用拉曼光纤放大器可被升级到通道间隔为 50 GHz 而无须任何附加代价。NTT 公司最新报道已经实现了间隔为 25 GHz 的超密集波分复用。

3. 拓展频谱利用率和提高传输系统速率

普通光纤的低损耗区间是 1 270 ~ 1 670 nm,而普通的 EDFA 只能工作在 1 525 ~ 1 625 nm 范围内,所以 EDFA 系统的光纤频带利用率是很低的。拉曼光纤放大器的全波段放大特性使得它可以工作在光纤整个低损耗区,极大地拓展了频谱利用率,提高了传输系统的速率。分布式拉曼光纤放大器是将现有系统的传输速率升级到 40 Gbit/s 的关键器件之一。

目前,拉曼光放大器广泛应用于光纤传输系统中,特别是超长距离的光纤传输系统,如跨海光缆、陆地长距离光纤干线等。从权威机构统计数据看,拉曼光纤放大器的使用已占整个光放大器市场的 35% 左右。由于它具有许多 EDFA 无法比拟的优点,随着整机价格的下降,其市场占有率还会不断扩大。

任务小结

通过本任务的学习,我们学习到了光中继器及光放大器的组成及其工作原理。

(1)对光信号的功率补偿可以采用传统的光中继器方式,也可以采用光放大器的方式直接对光信号进行放大。

(2)光放大器基本类型主要有两类:一类是半导体光放大器(SOA);另一类是光纤放大器。例如,掺铒光纤放大器和拉曼放大器等。

(3)掺铒光纤放大器由于工作波长与光纤低损耗波段一致,在实际工程中得到了广泛的应用,其他类型的光纤放大器也各有特点,在不同场合和系统中也有应用。

※思考与练习

一、填空题

1. 光纤通信的光中继器主要是补偿衰减的光信号和对畸变失真信号进行整形等,它的类型主要有_____和_____。

2. 光中继器实现方式主要有_____和_____两种。

3. EDFA 的关键器件是高功率泵浦源和_____。

4. EDFA 称为_____,其实现放大的光波长范围是_____。

5. EDFA 噪声系数的定义式为_____。

二、判断题

1. 光放大器是基于自发辐射或光子吸收原理来实现对微弱入射光进行光放大的,其机制与激光器类似。（　　）

2. 光放大器可以代替再生中继器。（　　）

3. EDFA 在作光中继器使用时,其作用是光信号放大。（　　）

4. 在光纤通信系统的光中继器中,均衡器的作用是均衡成矩形脉冲。（　　）

5. 利用光放大器是为了补偿光纤损耗。（　　）

6. 光纤通信系统最适合的参杂光纤放大器是工作在 150 mm 的掺铒光纤放大器和工作在 1 300 mm 的掺镨光纤放大器。（　　）

7. EDFA 在光纤通信系统中的主要应用形式有:作发射机的功率放大器、作中放大器和作光中继器。（　　）

8. EDFA 能对 1.3 μm 的光信号进行放大。（　　）

三、选择题

1. 光中继器中均衡器的作用是（　　）。

    A. 放大　　　　　　　　　　　　B. 消除噪声干扰

    C. 均衡成矩形脉冲　　　　　　　D. 均衡成有利于判决的波形

2. 以下指标不是掺铒光纤放大器特性指标的是（　　）。

    A. 功率增益　　　　　　　　　　B. 输出饱和功率

    C. 噪声系数　　　　　　　　　　D. 倍增因子

3. EDFA 中光滤波器的主要作用是（　　）。

    A. 降低光放大器输出噪声　　　　B. 消除反射光的影响

    C. 提高光放大器增益　　　　　　D. 使光信号再生

4. 光孤子源主要有（　　）。

    A. 掺铒光纤孤子激光器、锁模半导体激光器

    B. 掺铒光纤孤子激光器、窄纤谱半导体激光器

    C. 锁模半导体激光器、信道频率激光器

    D. 掺铒光纤孤子激光器、信道频率激光器

5. 前置放大器的 3 种类型中,属于双极型晶体管放大器主要特点的是（　　）。

A. 输入阻抗低　　　　　　　　　　　B. 噪声小

C. 高频特性较差　　　　　　　　　　D. 适用于低速率传输系统

6. 下列不是 WDM 的主要优点是(　　)。

A. 充分利用光纤的巨大资源　　　　　B. 同时传输多种不同类型的信号

C. 高度的组网灵活性,可靠性　　　　D. 采用数字同步技术不必进行码型调整

四、简答题

1. 光放大器包括哪些种类? 各有何特点?

2. EDFA 在光纤通信系统中的应用形式有哪些?

任务四　探究光纤通信系统

任务描述

光纤、光发射器、光检测器、光中继器、光放大器都是应用于光纤通信系统中的;目前,光纤通信系统主要应用于 SDH 网络、PTN 网络、WDM 网络、OTN 网络。本任务主要讲述典型的 SDH 网络与 WDM 网络。

任务目标

● 识记:光纤通信系统的分类及性能指标。

● 领会:SDH 的概念、特点及基本原理。

● 应用:SDH 网络、WDM 技术及光交换技术。

任务实施

一、介绍光纤通信系统的分类

一个光纤通信系统通常由三大块构成:光发射机、传输介质和光接收机。由光纤链路构成的光通路将光发射机和光接收机连接起来后就在光网络上形成了一条点到点的光连接。而这种光纤链路可将一个或多个光网络(交换)节点相互连接起来,最终构成通信网。网络的使用克服了点到点全连接独享线路容量的弊端。

按照不同的分类方法,光网络有不同的分类结构。

从应用范围上划分,光网络可分为骨干光网络、城域光网络和接入光网络。骨干光网络倾向于采用网状结构,城域光网络多采用环状结构,接入光网络是采用环状和星状相结合的复合结构。

光网络是由传输系统和交换系统组成的,光网络具体所采用的联网方式也就受制于传输系统的复用方式和与之相匹配的交换系统的配置功能。因此,对光网络的技术和结构进行分类也存在两种侧重点不同的分类思路:一种是从复用传输的角度进行分类;另一种是从交换系统的

配置功能和所使用的交换模式角度进行分类。

（一）熟悉按复用传输方式分类

为了进一步提高光纤的利用率，挖掘更大的带宽资源，复用技术不失为加大通信线路传输容量的一种很好的办法。从复用技术的角度可分为空间域的空分复用、时间域的时分复用、频率域的频分复用和码字域的码分复用，相应也存在空分、时分、波分和码分4种光交换，它们分别完成了空分信道、时分信道、码分信道和波分信道的交换，分别从不同域拓展了通信系统的容量，丰富了信号交换和控制的方式。

在早期的模拟通信系统中曾经利用频分复用波长或波带构成载波电话，发挥了很好的作用。在模拟载波通信系统中，为了充分利用电缆的带宽资源，提高系统的传输容量，通常利用频分复用的方法，即在同一根电缆中同时传输若干个信道的信号，接收端根据各载波频率的不同，利用带通滤波器就可滤出每一个信道的信号。后来数字通信利用时分复用构建了 PDH 及 SDH 集群。目前，电信级的 TDM 较高传输速率是 40 Gbit/s，把这个较高传输速率的数字群向光纤中的光载波直接调制，就成为单路光纤传输的较高传输速率。

同样，在光纤通信系统中也可以通过采用光的频分复用的方法来提高系统的传输容量，在接收端采用解复用器将各信号光载波分开。20 世纪 80 年代后期，国际上开始设想利用一根光纤同时传输多个光载波，各路光载波分别受不同的数字信号的调制。如果这些光载波的波长相互间有足够的间隔，则每路的数字信号在同一根光纤上传输也不会发生相互干扰。这就是光纤通信使用的复用技术，称为"波分复用"。它是光的频分复用，由于在光的频率上信号频率差别比较大，人们更喜欢采用波长来定义频率上的差别，因此称其为波分复用。

目前光网络的光复用技术主要有波分复用、时分复用和码分复用 3 种。波分复用以其简单、实用等特点在现代通信网络中发挥了巨大的作用。相应地，光空分复用、光时分复用和光码分复用等复用技术分别从空间域、时间域和码字域的角度拓展了光通信系统的容量。

波分复用将信道带宽以频率分割的方式分配给每一个使用者；光时分复用将时间帧分割成小的时间片分配给每个用户，用户在时间上顺序发送信号并同时占有整个带宽；光码分复用系统中，用户被预先分配一个特定的地址码，各路信号在光域上进行编码/译码来实现信号的复用，每个用户同时占有整个带宽，在时间和频率上重叠，利用地址码在光域内的正交性来实现彼此的区分。

（二）了解按交换配置模式分类

一般来说，通信信息网络中存在着多种交换模式，从交换方式上划分，光交换网络可以分为光路交换网络和光分组交换网络，以及前两项技术的折中方案——光突发交换网络。尽管光路交换和分组交换在传统的话音和数据网络中并不陌生，但是关于光的"路"交换和光的分组交换技术现在仍处于研究和发展之中。

1. 光路/波长交换

光的光路交换机又称光交叉连接器（OXC）。与传统电话交换网络中的光路交换机一样，OXC 负责一条光通道的建立和拆除。OXC 是一种电信级运营系统，它一般位于运营网络的POP（Point Of Presence）点，负责将输入的光路信号调配到与目的端对应的输出端口中。其基本功能有带宽管理、网络保护和恢复及业务指配等。

2. 光分组交换技术

光分组交换主要指 ATM 光交换和 IP 包光交换，它是近来被广泛研究的一种光交换方式，其特征是对信元/分组/包等资料串进行交换，根据是否使用光子处理和光子缓存技术，光分组交换机也可以分为不透明和透明的两种类型的光分组交换机,透明的光分组交换机需要光子逻辑和光子存储设备,因此在近期还没有商品化的迹象。

分组业务具有很大的突发性,如果用光路交换的方式处理将会造成资源的浪费。在这种情况下,采用光分组交换将是最为理想的选择,它将大幅提高链路的利用率。在分组交换矩阵里,每个分组都必须包含自己的选路信息,通常是放在信头中。交换机根据信头信息发送信号,而其他信息则不需要由交换机处理,只是透明地通过。

3. 光突发交换

光突发交换中的"突发"可以看成是由一些较小的具有相同出口边缘节点地址和相同 QoS (Quality of Service)要求的数据分组组成的超长数据分组,这些数据分组可以来自于传统 IP 网中的 IP 包。突发是光突发交换网中的基本交换单元,它由控制分组[(Burst Control Packet, BCP)作用相当于分组交换中的分组头]与突发数据 BP(净载荷)两部分组成。突发数据和控制分组在物理通道上是分离的,每个控制分组对应于一个突发数据,这也是光突发交换的核心设计思想。

二、掌握数字光纤通信系统的性能指标

(一)认识误码特性

误码就是经接收判决再生后,数字流的某些比特发生了差错,使传输信息的质量发生了损伤。传统上常用长期平均误比特率(BER,又称误码率)来衡量信息传输质量,即将某一特定观测时间内错误比特数与传输比特总数之比当作误比特率。

就误码对各种业务的影响而言,主要取决于业务的种类和误码的分布。例如,语声通信中能够容忍随机分布的误码,而数据通信则相对能容忍突发误码的分布。下面介绍误码性能的度量。

从历史上看,ITU-T 建议 G.821 是最早制定并沿用至今的误码性能规范,考虑到 G.821 建议的一系列局限性,ITU-T 正在研究制定高比特率信道的误码性能要求并已形成了 G.826 建议。G.826 性能参数与 G.821 性能参数不同,前者是以"块"为基础的一组参数,而且主要用于不停业务监视。"块"指一系列与信道有关的连续比特,当同一块内的任意比特发生差错时,就称该块是差错块(EB),有时也称误块。按照块的定义,SDH 通道开销中的 BIP-X 属于单个监视块。其中,X 中的每个比特与监视的信息比特构成监视码组,只要 X 个分离的同位组中的任意一个不符合校验要求就认为整个块是差错块。

继 G.826 建议以后,为适应各类新业务(特别是数据业务)的高性能要求,ITU-T 提出了专门用于 SDH 通道的新建议 G.828,其基本思路和指标分配策略与 G.826 相同,但误块秒比(ESR)和严重误块秒比(SESR)在不同程度上比 G.826 要更严格。

目前,ITU-T 规定了 3 个高比特率信道误码性能参数。

(1)误块秒比。为了定义误块秒比首先需要介绍误块秒(ES)的概念。当某 1s 具有 1 个或多个差错块或至少出现一个缺陷时就称该秒为误块秒。在规定测量间隔内出现的 ES 数与总的可用时间之比,称为误块秒比(ESR)。

(2)严重误块秒比。为了定义严重误块秒比,首先需要介绍严重误块秒(SES)的概念。当某 1 s 内包含有不少于 30% 的差错块或者至少出现 1 个缺陷时认为该秒为严重误块秒(SES)。在规定测量时间内出现的 SES 数与总的可用时间之比,称为严重误块秒比。

（3）背景块差错比（BBER）。为了定义背景块差错比，首先需要介绍背景块差错（BBE）的概念。背景块差错，指扣除不可用时间和 SES 期间出现的差错块以后所剩下的差错块。BBE 数与扣除不可用时间和 SES 期间所有块数后的总块数之比称为背景块差错比。由于计算时已经扣除了引起 SES 和不可用时间的大突发性误码，因而该参数值的大小可以大体反映系统的背景误码水平。

（二）了解抖动特性

定时抖动（简称抖动）定义为数字信号的特定时刻（如最佳抽样时刻）相对其理想参考时间位置的短时间偏离。短时间偏离是指变化频率高于 10 Hz 的相位变化，而将低于 10 Hz 的相位变化称为漂移。事实上，两者的区分还不仅在相位变化的频率不同，而且在产生机理、特性和对网络的影响方面也不尽相同。

定时抖动对网络的性能损伤表现在以下几方面：

（1）对数字编码的模拟信号，在译码后数字流的随机相位抖动使恢复后的样值具有不规则的相位，从而造成输出模拟信号的失真，形成抖动噪声。

（2）在再生器中，定时的不规则性使有效判决点偏离接收眼图的中心，从而降低了再生器的信噪比余度，直至发生误码。

（3）在 SDH 网中，同步复用器和数字交叉连接设备等配有滑动缓存器的同步网元，过大的输入抖动会造成缓存器的溢出或取空，从而产生滑动损伤。

抖动对各类业务的影响不同，数字编码的语音信号能够耐受很大的抖动，允许均方根抖动达 1.4 μs。

从网络发展演变的角度看，SDH 网与 PDH 网将有一段相当长的共存时期，因此 SDH 网不仅要有自己的抖动性能规范，而且应在 SDH 与 PDH 边界满足相应的 PDH 网的抖动性能规范。

（三）介绍漂移的概念和影响

漂移定义为数字信号的特定时刻（如最佳抽样时刻）相对其理想参考时间位置的长时间偏移。这里长时间是指变化频率低于 10 Hz 的相位变化。与抖动相比，漂移无论从产生机理、本身特性及对网络的影响都有所不同。引起漂移的一个普遍的原因是环境温度变化，它会导致光缆传输特性发生变化，从而引起传输信号延时的缓慢变化。因而，漂移可以简单地理解为信号传输延时的慢变化。这种传输损伤靠光缆线路系统本身是无法彻底解决的。在光同步线路系统中还有一类由于指标调整与网同步结合所产生的漂移机理，采取一些额外措施是可以设法降低的。

数字网内有多种漂移源。首先，基准主时钟系统中的数字锁相环受温度变化影响，将引入不小的漂移。同理，从时钟也会引入漂移。其次，传输系统中的传输介质和再生器中的激光器产生的延时受温度变化影响将引进可观的漂移。最后，SDH 网元中由于指针调整和网同步的结合也会产生很低频率的抖动和漂移。一般来说，只要选取容量合适的缓存器并对低频段的抖动和漂移进行合理规范，特别对网关的解同步器做合适的设计并严格限制级联的 SDH 的数目后，由于指针调整所引进的漂移可以控制在较低的水平。

三、分析 SDH 的产生及特点

（一）探究 SDH 的产生

20 世纪 80 年代中期以来，光纤通信在电信网中获得了大规模应用。其应用场合已逐步从长途通信、市话局间中继通信转向用户接入网。光纤通信的廉价、优良的带宽特性正使之成为电信网的主要传输手段。然而,随着电信网的发展和用户要求的提高,光纤通信中的准同步数字体系(PDH)正暴露出一些固有的弱点。

(1)只有地区性的数字信号速率和帧结构标准,没有世界性标准。例如,北美的速率标准是 1.5 Mbit/s—6.3 Mbit/s—45 Mbit/s—Nx45 Mbit/s,同样体制的日本的标准是 1.5 Mbit/s—6.3 Mbit/s—32 Mbit/s—100 Mbit/s—400 Mbit/s,而欧洲的标准则为 2 Mbit/s—8 Mbit/s—34 Mbit/s—140 Mbit/s。这三者互不兼容,造成国际互通的困难。

(2)没有世界性的标准光接口规范,导致各个厂家自行开发的专用光接口大量滋生。这些专用光接口无法在光路上互通,只有通过光/电转换成标准电接口(G.703界面)才能互通,这就限制了互联网应用的灵活性,也增加了网络的复杂性和运营成本。

(3)准同步系统的复用结构除了几个低速率等级的信号(如北美为 1.5 Mbit/s,欧洲为 2 Mbit/s)采用同步复用外,其他多数等级的信号采用异步复用,即靠塞入一些额外比特使各支路信号与复用设备同步并复用成高速信号。这种方式难以从高速信号中识别和提取低速支路信号。复用结构不仅复杂,而且缺乏灵活性,硬件数量大,上下业务费用高,数字交叉连接功能(DXC)的实现十分复杂。

(4)传统的准同步系统的网络运行、管理和维护(OAM)主要靠人工的数字信号交叉连接和停业务测试,因而复用信号帧结构中不需要安排很多用于网络 OAM 的比特。而今天,需要更多的辅助比特以进一步改进网络 OAM 能力,而准同步系统无法适应不断演变的电信网要求,难以很好地支持新一代的网络。

(5)由于建立在点对点传输基础上的复用结构缺乏灵活性,使数字信道设备的利用率很低,非最短的通信路由占了业务流量的大部分。可见这种建立在点到点传输基础上的体制无法提供最佳的路由选择,也难以经济地提供不断出现的各种新业务。

另外,用户和网络的要求正在不断变化,一个现代电信网要求能迅速地、经济地为用户提供电路和各种业务,最终希望能对电路带宽和业务提供在线实时控制和按需供给。

显然,要想圆满地在原有技术体制和技术框架内解决这些问题是事倍功半、得不偿失的。唯一的出路是从技术体制上进行根本的改革。以微处理器支持的智能网元的出现有力地支持了这种网络技术体制上的重大变革,使一种有机地结合了高速大容量光纤传输技术和智能网元技术的新体制——光同步传输网应运而生。

最初,这一技术是由美国贝尔通信研究所提出来的,并称之为同步光网络(SONET)。制定 SONET 标准的最初目的是为了阻止互不兼容的光接口的大量滋生,实现标准光接口,

便于厂家设备在光路上互通。国际电信联盟标准部(ITU-T)的前身国际电报电话咨询委员会(CCITT)于 1988 年接受了 SONET 概念,并重新命名为同步数字体系(SDH),使之成为不仅适于光纤也适于微波和卫星传输的通用技术体制。为了建立世界性的统一标准,ITU-T 在光电接口、设备功能和性能、管理体制以及协议和信令方面进行了重要修改和扩展,并于 1988—1995 年分别通过了有关 SDH 的 16 个标准,涉及比特率、网络节点接口、复用结构、复用设备、网络管理、线路系统和光接口、SDH 信息模型、网络结构、抖动性能、误码性能和环形网等内容。至此,已经在世界范围内就 SDH 的基本软硬件问题全部达成了一致协议。当然,就体制标准而言,随着实际应用经验的积累还会不断进行修改。随着实际应用的需要还会有新的标准出现,但基本框架和主要问题已经解决。SDH 已在世界范围内进入大发展时期。

(二)了解 SDH 网的特点

作为一种全新的传输网体制,SDH 网有下列主要特点:

（1）使 1.5 Mbit/s 和 2 Mbit/s 两大数字体系（3 个地区性标准）在 STM-1 等级以上获得统一。今后，数字信号在跨越国界通信时，不再需要转换成另一种标准，第一次真正实现了数字传输体制上的世界性标准。

（2）采用了同步复用方式和灵活的复用映像结构。各种不同等级的码流在帧结构净负荷内的排列是有规律的，而净负荷与网络是同步的，因而只需利用软件即可使高速信号一次直接分插出低速支路信号，即一步复用特性。这样就省去了全套背靠背复用设备，使网络结构得以简化，上下业务十分容易，也使数字交叉连接功能的实现大大简化。利用同步分插能力还可以实现自愈环形网，提高网络的可靠性和安全性。此外，背靠背接口的减少还可以改善网络的业务透明性，便于端到端的业务处理，使网络易于容纳和加速各种新的宽带业务的引入。

（3）SDH 帧结构中安排了丰富的开销比特（大约占信号的 5%），因而使网络的 OAM 能力大大加强。此外，由于 SDH 中的 DXC 和 ADM 等一类网元是智慧化的，通过嵌入在 SOH（段开销）中控制通路可以使部分网络管理能力分配（即软件下线）到网元，实现分布式管理，使新特性和新功能的开发变得比较容易。例如，在 SDH 中可望实现按需动态分配网络带宽，网络中任何地方的使用者都能很快获得所需要的具有不同带宽的业务。

（4）由于将标准光接口综合进各种不同的网元，减少了将传输和复用分开的需要，从而简化了硬件，缓解了布线拥挤。例如，网元有了标准光接口后，光纤可以直通到 DXC，省去了单独的传输和复用设备，以及又贵又不可靠的人工数字配线架。此外，有了标准光接口信号和通信协议后，使光接口成为开放型接口，还可以在基本光缆段上实现横向兼容，满足多厂家产品环境的要求，降低了联网成本。

（5）由于用一个光接口代替了大量电接口，因而 SDH 网所传输的业务信息可以不必经由常规准同步系统所具有的一些中间背靠背电接口而直接经光接口通过中间节点，省去了大量的相关电路单元和机线光缆，使网络的可用性和误码性能都获得改善，而且使运营成本减少 20%~30%。

（6）SDH 网与现有网络能完全兼容，即可以兼容现有准同步数字体系的各种速率。同时，SDH 网还能容纳各种新的业务信号，如高速局域网的光纤分布式数据接口（FDDI）信号、城域网的分布排队双总线（DQDB）信号及宽带综合业务数字网中的异步传递模式（ATM）信号。

简言之，SDH 网具有完全的后向兼容性和前向兼容性。

上述特点中最核心的有 3 条，即同步复用、标准光接口和强大的网管能力。

当然，SDH 作为一种新的技术体制不可能尽善尽美，必然会有一些不足之处。

（1）频带利用率不如传统的 PDH 系统。PDH 的 139.2 Mbit/s 可以收容 64 个 2 Mbit/s 系统，而 SDH 的 155.52 Mbit/s 却只能收容 63 个 2 Mbit/s 系统；PDH 的 139.2 Mbit/s 可以收容 4 个 34.368 Mbit/s 系统，而 SDH 的 155.5 Mbit/s 却只能收容 3 个。当然，上述安排可以换来网络运用上的一些灵活性，但毕竟使频带利用率降低了。

（2）技术上和功能上的复杂性大大增加。在传统 PDH 系统中，64 个 2.048 Mbit/s ~ 139.2 Mbit/s 的复用/分用只需 10 万个等效门电路即可。而 SDH 中，63 个 2 Mbit/s ~ 155.5 Mbit/s 复用/分用共需要 100 万个等效门电路。好在采用亚微米超大规模集成电路技术后，成本代价还不算太高。

（3）在从 PDH 到 SDH 的过渡时期，会形成多个 SDH"同步岛"经由 PDH 互联的局面。这样，由于指针调整产生的相位跃变使经过多次 SDH/PDH 变换的信号在低频抖动和漂移性能上会遭受比纯粹 PDH 或 SDH 信号更严重的损伤，需要采取有效的相位平滑措施才能满足抖动和漂移性能要求。

（4）由于 ADM/DXC 的自选路由以及难以区分来历不同的 2.048 Mbit/s 信号,使得网同步的规划管理和同步性能的保证增加了相当的难度。

（5）由于大规模地采用软件控制和将业务集中在少数几个高速链路和交叉连接点上,使软件几乎可以控制网络中的所有交叉连接设备和复用设备。这样,在网络层上的人为错误、软件故障乃至计算机病毒的入侵可能导致网络的重大故障,甚至造成全部瘫痪。为此,必须仔细地测试软件,选用可靠性较好的网络拓扑。

综上所述,光同步传输网尽管也有其不足之处,但毕竟比传统的准同步传输网有着明显的优越性。显然,传输网的发展方向应该是这种高度灵活和规范化的 SDH 网,它必将成为未来的国家信息基础设施。

四、讨论 SDH 的速率和帧结构

同步数字体系信号的最基本、最重要的模块信号是 STM-1,其速率为 155.520 Mbit/s,相应的光接口线路信号只是 STM-1 信号经扰码后的电/光转换结果,因而速率不变。更高等级的 STM-N 信号可以近似看作是将基本模块信号 STM-1 按同步复用、经字节间插后的结果。其中 N 是正整数。目前 SDH 只能支持一定的 N 值,即 N 为 1、4、16、64 和 256。表 2-4-1 列出了 ITU-T 建议 G.707 所规范的标准速率值。为了便于比较,也同时列出了美国国家标准所规定的 SONET 标准速率值。可以看出,SONET 的基本模块信号 STM-1 的速率是 51.840 Mbit/s,其相应的线路速率也是同一数值,这与北美大量采用 DS3 速率(约 45 Mbit/s)接口有关。此外, SONET 所允许的速率等级也较多,目前已正式规定的达 9 种,有些等级尚未标准化。

表 2-4-1 SDH 与 SONET 的标准速率

SDH		SONET		
等 级	速率/(Mbit/s)	等 级		速率/(Mbit/s)
		光 载 波	电 信 号	
		OC-1	STS-1	51.840
STM-1	155.520	OC-3	STS-3	155.520
		OC-9	STS-9	466.560
STM-4	622.080	OC-12	STS-12	622.080
		OC-18	STS-18	933.120
		OC-24	STS-24	1 244.160
		OC-36	STS-36	1 866.240
STM-16	2 488.320	OC-48	STS-48	2 488.320
		OC-96 *	STS-96 *	4 976.640
STM-64	9 953.280	OC-192	STS-192	9 953.280
STM-256	39 813.120	OC-576	STS-576	39 813.120

* 表示有待研究确定的值。

SDH 网的一个关键功能是要求能对支路信号(2/34/140 Mbit/s)进行同步数字复用、交叉连接和交换,因而帧结构必须能适应所有这些功能。同时也希望支路信号在一帧内的分布是均匀的、有规律的,以便于接入和取出。最后,还要求帧结构对 1.5 Mbit/s 系列和 2 Mbit/s 系列信

号都能同样方便和实用。这些要求导致 ITU-T 最终采纳了一种以字节结构为基础的矩形块状帧结构,其结构安排如图 2-4-1 所示。块状帧结构由 270 × N 列和 9 行字节组成。每字节为 8 bit。对于 STM-1 而言,帧长度为 270 × 9 = 2 430 B,相当于 2 430 × 8 = 19 440 bit,用时间来表示即为 125 μs。表示成二维的帧结构中字节的传输是从左到右按行进行的,首先由图中左上角第一个字节开始,从左向右,由上而下按顺序传送,直至整个 9 × 270 个字节都送完再转入下一帧。这个二维帧,用示波器来观察还是一维的。二维只不过是一种描述方法而已。如此一帧一帧地传送,每秒共传 8 000 帧。

图 2-4-1　STM-N 帧结构

由图 2-4-1 可知,整个帧结构大体上可以分为 3 个区域。

（一）了解段开销区域

段开销（SOH）是指 STM 帧结构中为了保证信息正常灵活传送所附加的字节,这些附加字节主要是供网络运行、管理和维护使用的,图 2-4-1 中第 1 至第 9 × N 列,第 1 ~ 3 行和第 5 ~ 9 行的 8 × 9 × N 个字节已分配给段开销。对于 STM-1 而言,相当于每帧有 72 字节（576 位）可用于段开销。由于每秒传 8 000 帧,因而,STM-1 有 4.608 Mbit/s 可用于网络运行、管理和维护目的。可见,段开销是相当丰富的,这是光同步传输网的重要特点之一。

（二）认识信息净负荷区域

信息净负荷（Payload）区域就是帧结构中存放各种信息的地方。图 2-4-1 中第 10 × N 至第 270 × N 列,第 1 ~ 9 行的 261 × 9 × N 个字节都处于净负荷区域。当然,其中还含有少且用于通信性能监视、管理和控制的信道开销字节（POH）。通常,POH 作为净负荷的一部分并与其一起在网络中传送。

（三）介绍管理单元指针（AU-PTR）区域

指标是一组码,其值大小表示信息在净负荷区所处的位置,调整指针就是调整净负荷包封和 STM-N 帧之间的频率和相位,以便在接收端正确地分解出支路信号。图 2-4-1 中第 1 ~ 9 × N 列、第 4 行的 9 × N 个字节是指针所处的位置。

下面再来谈谈开销。SDH 帧结构中安排有两大类不同的开销,即段开销 SOH 和通道开销 POH,分别用于段层和通道层的维护,可见开销是分层使用的。

（1）段开销 SOH。SOH 中包含有定帧信息,用于维护和性能监视的信息及其他操作功能。SOH 可以进一步划分为再生段开销（RSOH）和复用段开销（MSOH）。其中,RSOH 既可以在再生器接入,又可以在终端设备接入,而 MSOH 将透明地通过再生器,只能在 AUG 的组合点和分解点即终端设备处终结。在 SOH 中,第 1 ~ 3 行分给 RSOH,用于再生段。每经过一个再生段更换一次 RSOH,而第 5~9 行则分给 MSOH,用于复用段,每经过一个复用段更换一次 MSOH。

(2)通道开销 VC POH。VC POH 也可以分为两类:①低阶 VC POH(VC-1/VC-2 POH),将低阶 VC POH 附加给 C-1/C-2 即可形成 VC-1/VC-2。其主要功能有 VC 信道功能监视、维护信号及告警状态指示等。②高阶 VC POH(VC-3/VC-4 POH)将 VC-3 POH 附加给 C-3 或者多个 TUG-2 的组合体便形成了 VC-3,而将 VC-4 POH 附加给 C-4 或者多个 TUG-3 的组合体即形成 VC-4。高阶 VC POH 的主要功能有 VC 信道性能监视、告警状态指示、维护信号及复用结构指示等。

至于段开销及信道开销的字节安排部分的内容可以参考其他资料,此处不再赘述。

五、介绍 SDH 的复用

(一)SDH 概述

通常有两种传统方法可以将低速支路信号复用成高速信号。一种是正比特塞入法,又称正码速调整。它利用位于固定位置的比特塞入指示来显示塞入的比特究竟是真实数据还是伪数据。其二为固定位置映像法,即利用低速支路信号在高速信号中的特殊固定比特位置来携带低速同步信号。这种方法在数字交换机用得较多时比较可行,此时可以将传输信号同步于网络时钟。这种方法允许比较方便地接入和取出传送支路净负荷,但不能保证高速信号与支路信号的相位对准,以及由于同步网故障或工作于准同步网环境而产生的两者之间的小频率差,因此在复用设备接口处需用 125 μs 的缓存器来进行相位对准和频率校正,从而导致信号延时和滑动性能损伤。

在 SDH 中用了净负荷指针技术,这样既可以避免采用 125 μs 缓存器和在复用设备接口的滑动,又允许容易地接入同步净负荷。严格地说,指针指示了净负荷在 STM-N 帧内第 1 个字节的位置,因而净负荷在 STM-N 帧内是浮动的。对于净负荷不大的频率变化,只需增加或减小指针值即可。这种方法比较完整地结合了正比特塞入法和固定位置映像法的特点,而付出的代价是必须处理指标和由于指标处理所引入的抖动。好在使用超大规模集成电路技术可以解决这一问题。

(二)了解基本复用映像结构

同步复用和映像方法是 SDH 最有特色的内容之一,它使数字复用由 PDH 固定的大量硬件配置转变为灵活的软件配置。

图 2-4-2 所示为我国目前采用的基本复用映像结构。其特点是采用了 AU-4 路线,主要考虑目前 PDH 中应用最广的 2 Mbit/s 和 140 Mbit/s 支路接口,如有需要(如 IP 和图像业务)也可提供 34 Mbit/s 的支路接口,因此目前提供了 2 Mbit/s、34 Mbit/s、140 Mbit/s 的支路界面。今后对于某些应用,如国际租用业务可能需要提供 1.544 Mbit/s 的透明支路,可用 C-11 到 VC-12 到 TU-12 的方式映像进去;对图像业务和局域网业务,因目前图像的压缩编码尚未最后定论,在 4~34 Mbit/s 之间。而 SDH 可以为其提供 VC-2、VC-2 的级联等方式来传输。而 44 736 kbit/s 接口主要用作传送 IP 业务及高质量的图像业务。图中所涉及的各单元名称及定义如下:

1. 容器

容器(C)是一种用来装载各种速率业务信号的信息结构,容器种类有 C-11、C-12、C-2、C-3 和 C-4,我国仅涉及 C-12、C-3、C-4。

2. 虚容器

虚容器(VC)是用来支持 SDH 信道层连接的信息结构,它又可分成低阶 VC 和高阶 VC 两种。VC 由容器 C 输出的信息净负荷和信道开销组成。

VC 是 SDH 中可以用来传输、交换、处理的最小信息单元，一般将传送 VC 的实体称为信道。

虚容器可分为低阶虚容器和高阶虚容器，其中 VC11、VC12、VC2 和 TU-3 前的 VC-3 为低阶虚容器；VC-4 和 AU-3 中的 VC-3 为高阶虚容器。

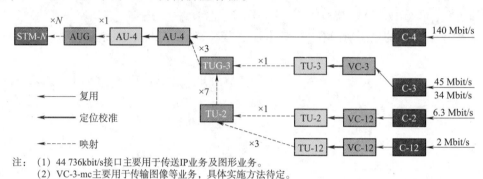

注：　(1) 44 736kbit/s接口主要用于传送IP业务及图形业务。
　　　(2) VC-3-mc主要用于传输图像等业务，具体实施方法待定。

图 2-4-2　我国目前采用的基本复用映像结构

3. 支路单元

支路单元(TU)是一种在低阶信道层和高阶信道层间提供适配功能的信息结构，它由信息净负荷和指示净负荷帧起点相对于高阶 VC 帧起点偏移量的支路单元指针(TU-PTR)构成。指针用来指示虚容器在高一阶虚容器的位置，这种净负荷中对虚容器位置的安排称为定位。

4. 支路单元组

支路单元组(TUG)是由一个或多个高阶 VC 净负荷中占据固定位置的支路单元组成。

5. 管理单元

管理单元(AU)是在高阶通道层和复用段层之间提供适配功能的信息结构，它由信息净负荷和指示净负荷帧起点相对于复用段起点偏移量的管理单元指针组成。

6. 管理单元组

管理单元组(AUG)是由一个或多个在 STM 净负荷中占据固定位置的管理单元组成。

7. 同步传输模块 STM-N

由 N 个 STM-1 同步复用成 STM-N。

PDH 信号转变成 SDH 标准信号的过程如下：

首先，各种速率等级的数字流先进入相应的不同界面容器 C。这些容器是一种信息结构，主要完成适配功能(如速率调整)。由标准容器出来的数字流加上信道开销后就构成了虚容器，VC 的包封速率是与网络同步的，因而不同 VC 的包封是互相同步的。除了在 VC 的组合点和分解点(即 PDH/SDH 网边界处)外，VC 在 SDH 网中传输时总是保持完整不变的，因而可以作为一个独立的实体在信道中任一点取出或插入，进行同步复用和交叉连接处理，十分方便和灵活。由 VC 出来的数字流再按图中规定路线进入管理单元或支路单元。

AU 由高阶 VC 和 AU-PTR 组成，其中 AU-PTR 用来指明高阶 VC 在 STM-N 帧内的位置，因而允许高阶 VC 在 STM-N 帧内的位置是浮动的，但 AU-PTR 本身在 STM-N 帧内位置是固定的。在 STM 帧中管理单元组(AUG)由若干 AU-3 或单个 AU-4 按字节间插方式均匀组成。

在 AU 和 TU 中要进行速率调整，因而低一级数位流在高一级数位流中的起始点是浮动的。为了准确地确定起始点的位置，设置两种指针(AU-PTR 和 TU-PTR)分别对高阶 VC 在相应 AU

帧内的位置以及 VC-1、VC-2、VC-3 在相应 TU 帧内的位置进行灵活动态的定位。最后,在 N 个 AUG 的基础上再附加段开销(SOH),便形成了最终的 STM-N 帧结构。

综上所述,各种信号复用映像进 STM-N 帧的过程都需要经过以下 3 个步骤:

(1)映像,即将支路信号适配进相应的虚容器的过程。

(2)定位,指将帧偏移信息收进 TU 或 AU 的过程,它依靠 TU-PTR 或 AU-PTR 功能来实现。

(3)复用,指将多个低阶信道层信号适配进高阶信道或将多个高阶信道层信号适配进复用段层的过程,基本方法是字节间插。

六、了解 SDH 的网络拓扑结构与自愈网

(一)介绍 SDH 网的基本概念

SDH 网是由一些 SDH 网元(NE)组成的,在光纤上进行同步信息传输、复用、分插和交叉连接的网络。它有全世界统一的网络节点接口(NNI),从而简化了信号的互通以及信号的传输、复用、交叉连接和交换过程;它有一套标准化的信息结构等级(称为同步传送模块 STM-N),并具有一种块状帧结构,允许安排丰富的开销比特(即网络节点接口比特流中扣除净负荷后的剩余部分)用于网络的 OAM;它的基本网元有终端复用器(TM)、再生中继器(REG)、分插复用器(ADM)和同步数字交叉连接设备(SDXC)等,其功能各异,但都有统一的标准光接口,能够在基本光缆段上实现横向兼容性,即允许不同厂家设备在光路上互通;它有一套特殊的复用结构,允许现存准同步数字体系、同步数字体系和 B-ISDN 信号都能进入其帧结构,因而具有广泛的适应性;它大量采用软件进行网络配置和控制,使得新功能和新特性的增加比较方便,适于将来的不断发展。

光同步数字传输网早期应用时最重要的两个网元是终端复用器和分插复用器。终端复用器的主要任务是将低速支路电信号和 155 Mbit/s 电信号纳入 STM-1 帧结构,并经电/光转换为 STM-1 光线路信号,其逆过程正好相反。而分插复用器是一种新型的网元,它将同步复用和数字交叉连接功能综合于一体,具有灵活的分插任意支路信号的能力,在网络设计上有很大的灵活性。

以从 140 Mbit/s 码流中分插一个 2 Mbit/s 低速支路信号为例,将采用把传统准同步复用器和 SDH 分插复用器的信号流图同时表示在图 2-4-3 中,以便对比。

(二)了解基本物理拓扑

网络的物理拓扑泛指网络的形状,即网络节点和传输线路的几何排列,它反映了物理上的连接性。网络拓扑的概念对于 SDH 网的应用十分重要,特别是网络的效能、可靠性和经济性在很大程度上与具体物理拓扑有关。网络的基本物理拓扑有 5 种类型,如图 2-4-4 所示。

1. 线状

当涉及通信的所有点串联起来,并使首尾两个点开放时就形成了线状拓扑,如在两个终端复用器(TM)中间接入若干分插复用器(ADM)就是典型的线状拓扑的应用。

2. 星状

当涉及通信的所有点中有一个特殊的点与其余所有点直接相连,而其余点之间互相不能直接相连时,就形成了星状拓扑,又称枢纽状拓扑。这种网络拓扑可以将枢纽站(即特殊点)的多个光纤终端统一成一个,并具有综合的带宽管理灵活性,使投资和运营成本得到很大节省,但存在特殊点的潜在瓶颈问题和失效问题。

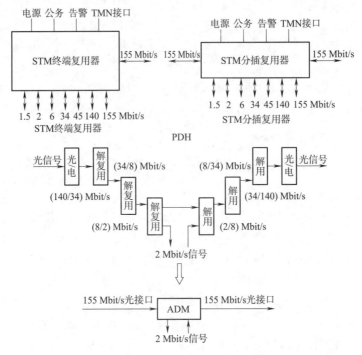

图 2-4-3　分插信号流图的比较

图 2-4-4　基本物理拓扑类型

3. 树状

将点到点拓扑单元的末端点连接到几个特殊点时就形成了树状拓扑,树状拓扑可以看成是线状拓扑和星状拓扑的结合。这种拓扑结构适合于广播式业务,但存在瓶颈问题和光功率预算限制问题,也不适于提供双向通信业务。

4. 环状

当涉及通信的所有点串联起来,而且首尾相连,没有任何点开放时,就形成了环状网。这种网络拓扑的最大优点是具有很高的生存性,这对现代大容量光纤网络是至关重要的,因而环状网在 SDH 网中受到特殊的重视。

5. 网孔状

当涉及通信的许多点直接互连时就形成了网孔状拓扑,网孔状结构不受节点瓶颈问题和失效问题的影响,两点间有多种路由可选,可靠性很高。但结构复杂、成本较高,适合于那些业务量很大的地区。

综上所述,所有这些拓扑结构都各有特点,在网中都有可能获得不同程度的应用。网络拓扑的选择应考虑众多因素,如网络应有高生存性、网络配置应当容易、网络结构应当适于新业务的引进等。

（三）认识自愈网

1. 网络生存性

随着科学和技术的发展，现代社会对通信的依赖性越来越大，通信网路的生存性已成为至关重要的问题。近年来，一种称为自愈网（Self-healing Network）的概念应运而生。自愈网就是无须人为干预，网络就能在极短的时间内从失效故障中自动恢复所携带的业务，使用户感觉不到网络已出了故障。其基本原理就是使网络具备替代传输路由并重新确立通信的能力。自愈网的概念只涉及重新确立通信，而不管具体失效元器件的修复或更换，后者仍需人工干预才能完成。

2. 自愈网的类型和原理

按照自愈网的定义可以有多种手段来实现自愈网，各种自愈网都需要考虑下面一些共同的因素：初始成本、要求恢复的业务量的比例、用于恢复任务所需的额外容量、业务恢复的速度、升级或增加节点的灵活性、易于操作运行和维护等。下面分别介绍各种具体的实现方法。

（1）线路保护倒换。最简单的自愈网形式就是传统 PDH 系统采用的线路保护倒换方式。其工作原理是当工作信道传输中断或性能劣化到一定程度后，系统倒换设备将主信号自动转至备用光纤系统传输，从而使接收端仍能接收到正常的信号而感觉不到网络已出了故障。这种保护方式的业务恢复时间很快，可短于 50 ms，它对于网络节点的光或电的元器件失效故障十分有效。但是，当光缆被切断时（这是一种经常发生的恶性故障），往往是同一缆芯内的所有光纤（包括主用和备用）一起被切断，因而上述保护方式就无能为力了。

进一步的改进是采用地理上的备用路由。这样，当主通道路由光缆被切断时，备用通道路由上的光缆不受影响，仍能将信号安全地传输到对端。这种路由备用方法配置容易，网络管理很简单，仍保持了快速恢复业务的能力。但该方案需要至少双份的光纤光缆和设备，而且通常备用路由往往较长，因而成本较高。此外，该保护方法只能保护传输链路，无法提供网络节点的失效保护，因此主要适用于点到点应用的保护。对于两点间有稳定的较大业务量的场合，路由备用线路保护方法仍不失为一种较好的保护手段。

（2）环状网保护。将网络节点造成一个环状可以进一步改善网络的生存性和成本。网络节点可以是 DXC，也可以是 ADM。但通常环状网节点用 ADM 构成。利用 ADM 的分插能力和智能构成的自愈环是 SDH 的特色之一，也是目前研究工作十分活跃的领域。

自愈环结构可以划分为两大类：通道倒换环和复用段倒换环。对于通道倒换环，业务量的保护是以通道为基础的，倒换与否按离开环的每一个信道信号质量的优劣而定，通常利用简单的信道 AIS 信号（告警信号）来决定是否应进行倒换；对于复用段倒换环，业务量的保护是以复用段为基础的，倒换与否按每一对节点间的复用段信号质量的优劣而定。

如果按照进入环的支路信号与由该支路信号分路节点返回的支路信号方向是否相同来区分，又可以将自愈环分为单向环和双向环。正常情况下，单向环中所有业务信号按同一方向在环中传输（如顺时针或逆时针）；而双向环中，进入环的支路信号按一个方向传输，而由该支路信号分路节点返回的支路信号按相反的方向传输。

如果按照一对节点间所用光纤的最小数量来区分，还可以划分为二纤环和四纤环。

按照上述各种不同的分类方法可以区分出多种不同的自愈环结构。通常，通道倒换环主要工作在单向二纤方式，近来双向二纤方式的信道倒换环也开始应用，并在某些方面显示出一定的优点。而复用段倒换环既可以工作在单向方式又可以工作在双向方式，既可以二纤方式又可以四纤方式,实用化的结构主要是双向方式。下面以 4 个节点的环为例,介绍 4 种典型的实用的自愈环结构。

(1)二纤单向通道倒换环。单向环通常由两根光纤来实现,一根光纤用于传送业务信号,称 S 光纤;另一根光纤用于保护,称 P 光纤。单向通道倒换环使用"首端桥接,末端倒换"结构,如图 2-4-5(a)所示。业务信号和保护信号分别由光纤 S1 和 P1 携带。例如,在节点 A,进入环以节点 C 为目的地的支路信号(AC)同时馈入发送方向光纤 S1 和 P1,即双馈方式(1 + 1 保护)。其中 S1 光纤按顺时针方向将业务信号送至分路节点 C,P1 光纤按逆时针方向将同样的支路信号送至分路节点 C。接收端分路节点 C 同时收到两个方向来的支路信号,按照分路信道信号的优劣决定选哪一路作为分路信号。正常情况下,以 S1 光纤送来的信号为主信号。同理,从 C 点插入环以节点 A 为目的地的支路信号(CA)按上述同样方法送至节点 A,即 S1 光纤所携带的 CA 信号(旋转方向与 AC 信号一样)为主信号在节点 A 分路。

当 BC 节点间光缆被切断时,两根光纤同时被切断,如图 2-4-5(b)所示。在节点 C,由于从 A 经 S1 光纤来的 AC 信号丢失,按信道选优准则,倒换开关将由 S1 光纤转向 P1 光纤,接收由 A 节点经 P1 光纤而来的从信号作分路信号,从而使 AC 间业务信号仍得以维持,不会丢失。故障排除后,开关返回原来位置。

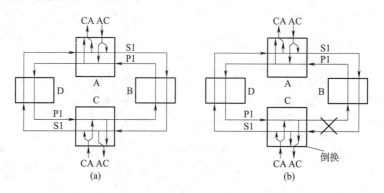

图 2-4-5　二纤单向通道倒换环

近来,二纤双向通道环也已开始应用,其中 1 + 1 方式与单向通道倒换环基本相同,只是返回信号沿相反方向返回而已,其主要优点是在无保护环或线形应用场合下具有通道再用功能,从而使总的分插业务量增加。1∶1 方式需要使用 APS 字节协议,但可以用备用通路传输额外业务量,可选较短路由,易于查找故障。最主要的是由 1∶1 方式可以进一步演变发展成双向信道保护环,由用户决定只对某些重要业务实施保护,无须保护的通道可以在节点间重新再用,从而大大提高了可用业务容量。缺点是需要由网管系统进行管理,保护恢复时间大幅增加。

(2)二纤单向复用段倒换环。这种环状结构中节点在支路信号分插功能前的每一高速线路上都有一保护倒换开关,如图 2-4-6(a)所示。在正常情况下,低速支路信号仅仅从 S1 光纤进行分插,保护光纤 P1 是空闲的。当 BC 节点间光缆被切断,两根光纤同时被切断,与光缆切断点相邻的两个节点 B 和 C 的保护倒换开关将利用 APS 协议执行环回功能,如图 2-4-6(b)所示。在 B 节点,S1 光纤上的高速线路信号(AC)经倒换开关从 P1 光纤返回,沿逆时针方向经 A 节点和 D 节点仍然可以到达 C 节点,并经 C 节点倒换开关环回到 S1 光纤并落地分路。其他节点(指 A 和 D)的作用是确保 P1 光纤上传的业务信号在本节点完成正常的桥接功能,畅通无阻地传向分路节点。这种环回倒换功能能保证在故障状况下仍维持环的连续性,使低速支路上的业

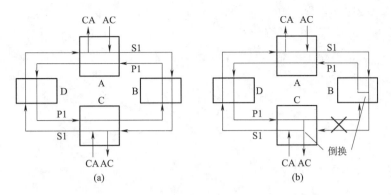

图 2-4-6　二纤单向复用段倒换环

务信号不会中断。故障排除后,倒换开关返回其原来位置。

(3)四纤双向复用段倒换环。双向环通常工作在复用段倒换方式,但既可以有四纤方式,又可以有二纤方式。四纤双向环很像线形的分插链路自我折叠而成(一主一备),它有两根业务光纤(一发一收)和两根保护光纤(一发一收)。其中,业务光纤 S1 形成一顺时针业务信号环,业务光纤 S2 形成一逆时针业务信号环,而保护光纤 P1 和 P2 分别形成与 S1 和 S2 反方向的两个保护信号环,在每根光纤上都有一个倒换开关作保护倒换用,如图 2-4-7(a)所示。

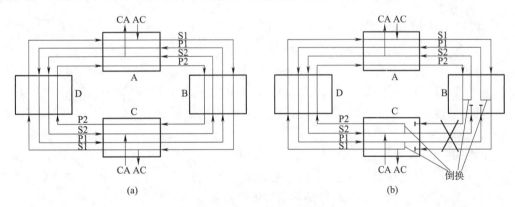

图 2-4-7　四纤双向复用段倒换环

正常情况下,从 A 节点进入环以 C 节点为目的地的低速支路信号顺时针沿 S1 光纤传输,而由 C 节点进入环,以 A 节点为目的地返回低速支路信号则逆时针沿 S2 光纤传回 A 节点。保护光纤 P1 和 P2 是空闲的。

当 BC 节点间光缆被切断时,4 根光纤全部被切断。利用 APS 协议,B 和 C 节点中各有两个倒换开关执行环回功能,从而得以维持环的连续性,如图 2-4-7(b)所示。在 B 节点,光纤 S1 和 P1 沟通,光纤 S2 和 P2 沟通。C 节点也完成类似功能。其他节点确保光纤 P1 和 P2 上传的业务信号在本节点完成正常的桥接功能,其原理与前述二纤单向复用段倒换环类似。故障排除后,倒换开关返回原来位置。

在四纤环中,仅仅节点失效或光缆切断才需要利用环回方式进行保护,而设备或单纤故障可以利用传统的复用段保护倒换方式。

(4)二纤双向复用段倒换环。由图 2-4-8 可见,在光纤 S1 上的高速业务信号的传输方向与光纤 P2 上的保护信号的传输方向完全相同。如果利用时隙交换(TSI)技术,可以使光纤 S1 和光纤 P2 上的信号都置于一根光纤(称 S1/P2 光纤)。此时,S1/P2 光纤的一半时隙(如时隙 1 ~ M)用于传送业务信号,另一半时隙(时隙 $M+1$ 到 N。其中 $M \leqslant N/2$)留给保护信号。同样,S2 光纤和 P1 光纤上的信号也可以利用时隙交换技术置于一根光纤(称 S2/P1 光纤)上。这样,在给定光纤上的保护信号时隙可用来保护另一根光纤上的反向业务信号。即 S1/P2 光纤上的保护信号时隙可保护 S2/P1 光纤上的业务信号,而 S2/P1 光纤上的保护信号时隙可保护 S1/P2 光纤上的业务信号。于是,四纤环可以简化为二纤环,如图 2-4-8 所示。

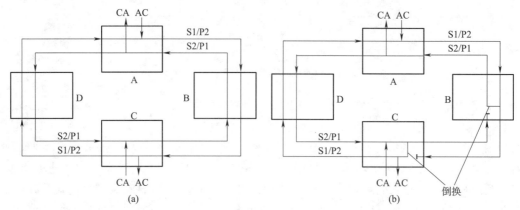

图 2-4-8　二纤双向复用段倒换环

当 BC 节点间光缆被切断,两根光纤也全被切断时,与切断点相邻的 B 节点和 C 节点中的倒换开关将 S1/P2 光纤与 S2/P1 光纤沟通。利用时隙交换技术,可以将 S1/P2 光纤和 S2/P1 光纤上的业务信号时隙移到另一根光纤上的保护信号时隙,从而完成保护倒换作用。例如,S1/P2 光纤的业务信号时隙 1 ~ M 可以转移到 S2/P1 光纤上的保护信号时隙 $M+1$ 到 N。当故障排除后,倒换开关将返回其原来位置。由于一根光纤同时支持业务信号和保护信号,因而二纤环无法进行传统的复用段倒换保护。

复用段倒换环中,如果实施交叉连接的节点失败,则相邻节点实施环回时,对于需要交叉连接的通道可能发生错连现象,因此节点必须有压制功能,但是降低了保护能力,这是其缺点。

下面就几个主要方面对上述环状结构的性能进行比较。

(1)网络业务容量。环状网的业务容量指环状网能够携带的最大信号容量。对于二纤单向通道倒换环,由于进入环中的所有支路信号都要经两个方向传向接收分路节点,相当于要通过整个环传输,因而环的业务容量等于所有进入环的业务量的总和,即等于节点处 ADM 的系统容量 STM-N。二纤单向复用段倒换环的结论相同。

四纤双向复用段倒换环中业务量的路由仅仅是环的一部分,因而业务通路可以重新使用。相当于允许更多的支路信号从环中进行分插,因而网络业务容量可以增加很多。在极端情况下,每个节点处的全部系统容量都进行分插,于是整个环的业务容量可达单个节点 ADM 系统容量的 K 倍,即 $K \times$ STM-N。

二纤双向复用段倒换环只能利用一半的时隙,因此环的最大业务容量为 $K/2 \times$ STM-N。

实际业务容量与业务量分布密切相关,上述结论只适用于相邻业务量分布(即业务量主要分布在相邻节点之间)。对于比较均匀的分布型业务量,则四纤环和二纤环的业务容量仅能增加 3 ~ 3.8 倍和 1.5 ~ 1.9 倍。对于集中型业务量分布,则无任何增加。

(2)成本/容量。一般来说,由于四纤环所需的 ADM、光纤和再生器数是二纤单向环的两倍,因而在同样速率下,其成本也大约是二纤单向环的两倍。但四纤环可以提供较高的业务容量,因而考虑业务容量因素后,两者的综合成本/容量比较将与网络设计方法、节点数和实际业务量需求模型有关,比较复杂。当业务量需求模型为集中型时,单向环比双向环经济;当业务量需求模型为分布型时,则与节点数有关。当节点数很少时,单向环比双向环经济,但通常双向复用段倒换环更经济。在同样双向环前提下,当业务量不大时,二纤环更经济,否则四纤环更经济。

(3)多厂家产品兼容性。所有涉及 APS 协议的环状结构目前都不能满足多厂家产品兼容性要求。而二纤通道倒换环只使用现有 SDH 标准已经完全规定好了的信道 AIS 信号,因而很容易满足多厂家产品兼容性要求。

(4)复杂性。二纤单向通道倒换环无论从控制协议的复杂性,还是操作维护的复杂性上都是最简单的。而且由于不涉及 APS 通信过程,因而业务恢复时间也最短。双向环中二纤方式又比四纤方式的控制功能要复杂,其 CPU 的逻辑控制步骤大约是四纤方式的 10 倍。

(5)保护级别。复用段保护靠复用段开销,这些开销在线路终端产生和终结,因此保护倒换只能以复用段级别上的故障为基础,无法以端到端连接的积累性能为基础。简言之,复用段倒换是以链路为基础的。而信道倒换的决定在通道级,与复用段系统的速率、格式和特性无关,保护倒换可以在网络支路级别上实现,较经济、灵活。此时可以以支路为基础实施保护,有选择地只保护某些重要通道(支路),而且可以对整个端到端连接(包括线路级和支路级)的积累性能进行监视,决定是否倒换,即保护范围大大扩展,保护特性与网络拓扑无关。表 2-4-2 所示为几种主要自愈环特性的详细比较结果,供读者参考。

表 2-4-2 主要自愈环特性的比较

项 目	二纤单向通道倒换环	二纤双向通道倒换环	四纤双向复用段倒换环	二纤双向复用段倒换环
节点数	K	K	K	K
额外业务量	无	有	有	有
保护容量(相邻业务量)	1	1	K	$0.5K$
保护容量(分布业务量)	1	1	3~3.8	1.5~1.9
保护容量(集中业务量)	1	1	1	1
基本容量单位	VC12/3/4	VC12/3/4	AU-4	AU-4
保护时间/ms	30	50	50	50~200
初始成本	低	低	高	中
成本(集中业务量)	低	低	高	中
成本(分布业务量)	高	高	中	中
APS	无	有	有	有
抗多点失效能力	无	无	有	无
错连问题	无	无	需压制功能	需压制功能
端到端保护	有	有	无	无
应用场合	接入网 中继网	接入网 中继网 长途网	中继网 长途网	中继网 长途网

随着网络中不同层面环数量的迅速增加,环的互通需求也在迅速增加。环的互通问题,主要是解决终端点分别在不同环的节点之间的环间业务量自动恢复问题。

3. DXC 恢复

在业务量高度集中的长途网中,常常一个大节点有很多条大容量光纤链路进出,其中有携带业务的,也有空闲的,网络节点间构成互连的网孔状拓扑,如图 2-4-9 所示。此时若在节点处采用 DXC4/4 设备,则当某处光缆被切断时,利用 DXC4/4 的快速交叉连接特性可以比较迅速地找到替代路由并恢复业务。长途网的这种高度互连的网孔状拓扑为 DXC 保护恢复提供了较高的成功概率。例如,从 A 到 D 节点原有 12 个单位的业务量(如 12×140/155 Mbit/s),当其间的光缆切断后,DXC 可能从网络中发现如图 2-4-9 所示的 3 条替代路由来分担这 12 个单位的业务量,从 A 经 E 到 D 为 6 个单位,从 A 经 B 和 E 到 D 为 2 个单位,从 A 经 B 到 D 为 4 个单位。由此可见,网络越复杂,替代路由越多,DXC 恢复的效率越高。

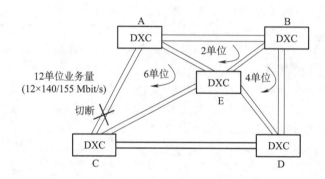

图 2-4-9 采用 DXC 的保护恢复结构

从这一角度看,DXC 节点适当多些有利于高效的网络恢复。会增加转接业务的恢复率,但也会增加 DXC 设备间转接业务所需的端口容量及附加线路,因而也不宜过多。

总的来看,采用 DXC 保护恢复策略的工作过程大致有以下几个主要步骤:

(1)失效故障识别。首先需要准确地确定哪个数字业务信道(140 Mbit/s 或 VC-4 通道)出了问题。利用信道开销中的信道追踪字节 J1,网络提供者可以提前发现和解决问题。

(2)失效故障输入。将失效数字业务信道的标识符和故障点输入给控制中心。

(3)优先权。按照事先确定的输入优先等级决定失效数字业务信道恢复的次序和携带业务的低阶 VC 数目。

(4)路由选择。决定和选择可用于选路由的可用容量。通常 DXC 有 3 种方式进行路由选择,即手工配置、依靠预先存放的路由表以及依靠通过动态路由计算所得到的路由表。手工配置需数小时,动态路由计算至少需几分钟(集中控制),但能选择最佳路由,采用预先存放的路由表最多需几秒至几十秒即可,网络恢复最快,但所选路由未必最理想。

(5)选路实施。将路由选择阶段所选择的可用替代通道部分用各种措施,进行综合应用。特别是适时适地结合应用 DXC 保护恢复策略和各种自愈环结构是网络保护恢复设计的关键。

表 2-4-3 总结了自愈环结构与 DXC 选路方式的比较。

表 2-4-3　自愈环结构与 DXC 选路方式的比较

项　目	自愈网	DXC 选路
业务恢复时间	<50 ms	数秒至数分
备用空间容量	100%	30%~60%
规划复杂性	中等	容易
对付严重网络故障的能力	较弱	较强
成本（简单拓扑）	低	高
成本（复杂拓扑）	高	中等
对网络拓扑的限制	仅限于环	可适用任何拓扑
应用场合	接入网 中继网 长途网	长途网 中继网

七、光纤通信系统设计中的几个假设与中继距离估算

（一）研究假设参考通道和数字段

通信泛指两个用户之间进行信息的交流。任何 2 个用户之间的通信都涉及建立端到端连接，这种实际端到端连接的情况十分复杂。为了便于研究和分配指标，通常找出通信距离最长、结构最复杂、传输质量最差的连接作为传输质量的核算对象。只要这种连接的传输质量能满足，那么其他情况均可满足，因而引入了假设参考连接（HRX）的概念。

1. 假设参考连接和通道

假设参考连接是电信网中一个具有规定结构、长度和性能的连接，它可以作为研究网络性能的模型，从而允许与网络性能指针相比较并导出各个较小实体部分的指针。

一个标准的最长 HRX 由 14 段电路串联而成，如图 2-4-10 所示。两个端局（即本地交换局）间共有 12 段电路，这是通信两端的两个用户/网络接口参考点 T 之间的全数字以 64 kbit/s 连接，全长 27 500 km。

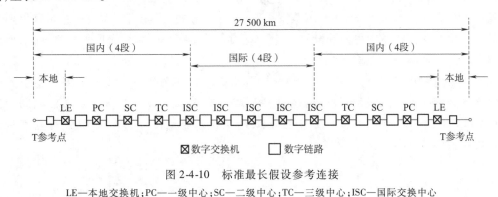

图 2-4-10　标准最长假设参考连接

LE—本地交换机；PC——级中心；SC—二级中心；TC—三级中心；ISC—国际交换中心

2. 假设参考数字链路（HRDL）

与交换机或终端设备相连的两个数字配线架（或其等效设备）间的全部装置构成一个数字链路，通常包含一个或多个数字段，可能包含复用和解复用设备，但不含交换机，即对数字序列是透明的，不改变数字序列的值和顺序。

3. 假设参考数字段

两个相邻数字配线架或其等效设备之间用来传送一种规定速率的数字信号的全部装置构成一个数字段。数字段可以分为数字有线段（如光缆系统）和数字无线段（如微波系统）。假设参考数字段（HRDS）就是具有一定长度和指标规范的数字段，HRDS 构成 HRDL 的一部分。其长度应该是实际网络中所遇到的数字段的典型长度，长途通信的 HRDS 为 280 km，美国的 HRDS 为 400 km，中国的 HRDS 为 420 km 和 280 km。HRDS 的模型一般是均匀的，不含复用设备，只含端机和再生器。但随着光电一体化的发展和 SDH 的出现，这种界线已不那么严格。

4. 中继距离设计

由于 ITU-T 对 SDH 的大部分性能参数都给出了参考值，所以在 SDH 系统的设计中兼顾成本与效率的考虑，实际需要工程人员设计的是系统的中继距离，若中继距离太长则信号到达接收端时衰减或失真严重以至于无法恢复出信号；而如果中继距离太短则会增加中继站的数量，从成本上来说就会增加企业成本，导致效率降低。所以，中继距离的设计成为系统设计的关键。目前，有 3 种主要的中继距离设计思路。

（1）最坏值设计法。最坏值设计法就是在设计再生段距离时，将所有参数值都按最坏值选取，而不管其具体分布如何。这是光缆数字线路系统设计的基本方法，其好处是可以为网络规划设计者和制造厂家分别提供简单的设计指导和明确的元器件指标。同时，在排除人为和自然界破坏因素后，按最坏值设计的系统能够在系统寿命终了、富余度用完且处于极端温度的情况下仍能 100% 地保证系统性能要求，不存在先期失效问题。缺点是各项最坏值条件同时出现的概率极小，因而系统正常工作时有相当大的富余度。而且各项光参数的分布相当宽，只选用最坏值设计使结果太保守，再生段距离太短，系统总成本偏高。

（2）联合设计法。在实际网络中，常常会遇到没有合适的供电或建站条件的情况，此时所需的再生段距离可能会超出 G.967 建议所规定的标准再生段距离，为此可以采用联合设计法，即由厂家和用户协商设计出一套新的加强型光界面参数以便适应这类应用场合。

（3）统计法设计。按照目前的工艺水平，光纤参数和光电器件的参数都还不能精确控制，因此实际光参数值的离散性很大，分布范围很宽，若能充分利用其统计分布特性，则有可能更有效地设计再生段距离。基本思路是允许一个预先确定的足够小的系统先期失效概率，从而换取延长再生段距离的好处。但横向兼容性可能无法实现，这是其缺点。

光中继模型包括发送机（TX）、光通道和接收机（RX），如图 2-4-11 所示。发送机与光通道之间定义 S 为参考点，光通道与接收机之间定义 R 为参考点，S 参考点与 R 参考点之间为光通道。L 表示 S-R 之间的距离。P_T 为发送光功率；P_R 为接收灵敏度。CTX 和 CRX 分别表示发射端和接收端的活动连接器。

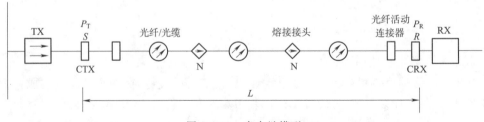

图 2-4-11　光中继模型

5. 由损耗决定的中继距离

对于损耗受限系统,系统设计者首先要根据 S 和 R 之间的所有光功率损耗和光缆富余度来确定总的光通道衰减值,损耗受限系统的实际可达再生段距离 L 可以根据式(2-4-1)求出,即

$$L = \frac{P_T - P_R - 2A_C - P_P}{A_f + A_S/L_f + M_C} \tag{2-4-1}$$

式中,P_T 为发送光功率,dBm;P_R 为接收灵敏度,dBm;A_C 为系统配置时可能需要的活动连接损耗,dB;P_P 为光通道功率代价,dB;A_f 为再生段平均光缆衰减系数,dB/km;A_S 为再生段平均接头损耗,dB;L_f 为单盘光缆的盘长,km;M_C 是光缆的富余度,km。

6. 由色散决定的中继距离

对于色散受限系统,系统设计者首先应确定所设计的再生段的总色散(ps/nm),再据此选择合适的系统分类代码及相应的一整套光参数。通常,最经济的设计应该选择这样一类系统分类代码,它的最大色散值大于实际系统设计色散值,同时在满足要求的系统分类代码中具有最小的最大色散值。

色散受限距离实用的计算公式为

$$L_d = \frac{D_{SR}}{D_m} \tag{2-4-2}$$

式中,D_{SR} 为选定的标准光接口的 S 和 R 点之间允许的最大色散值;D_m 为允许工作波长范围内的最大光纤色散值,ps/(nm·km)。

如果光参数值是非标准参数。例如,光源谱宽与规范值相差较多时,则色散受限的再生段距离需要重新计算。

(1)使用多纵模激光器时系统色散受限的最大传输距离为

$$L_d = \frac{10^6 \varepsilon}{D_m B \sigma} \tag{2-4-3}$$

式中,σ 为激光器的 RMS 谱宽,nm;D_m 为光纤的最大色散系数,ps/nm×km;B 为系统的码速率,Mbit/s;ε 为相对展宽因子,表示码元脉冲经过通道传输后脉冲的相对展宽值。

(2)使用单纵模激光器系统色散受限系统的最大传输距离为

$$L_d = \frac{71\,400}{\alpha D_m \lambda^2 B} \tag{2-4-4}$$

式中,α 为啁啾系数;λ 为单纵模激光器的中心波长,nm;D_m 为光纤的最大色散系数,ps/nm×km;B 为系统码速率,Tbit/s。

八、掌握 SDH 光接口的测试

(一)熟悉光接口类型

在原理上,SDH 信号既可以用电方式传输,也可以用光方式传输。然而,采用光纤方式来传输高速 SDH 信号有很大的局限性,一般仅限于短距离和较低速率的传输,而采用光纤作传输手段可以适应从低速到高速,从短距离到长距离等十分广泛的应用场合。为了简化横向兼容系统的开发,可以将众多的应用场合按传输距离和所用技术归纳为 3 种最基本的应用场合,即长距离局间通信、短距离局间通信和局内通信。这样,只需要对这 3 种应用场合规范 3 套光界面参数即可。

为了便于应用,将上述 3 种采用光纤的应用场合分别用不同代码来表示。第一个字母表示

应用场合:用字母 I 表示局内通信,S 表示短距离局间通信,L 表示长距离局间通信。字母后面的第一位数字表示 STM 的等级,如数字 4 就表示 STM-4 等级;第二位数字表示工作窗口和所用光纤类型;空白或 1 表示标称工作波长为 1 310 nm,所用光纤为 G.652 光纤,2 表示标称工作波长为 1 550 nm,所用光纤为 G.652 光纤和 G.654 光纤,3 表示标称工作波长为 1 550 nm,所用光纤为 G.653 光纤。上述表示方法如表 2-4-4 所示。下面分别就上述几种不同的应用场合进行简要介绍。

表 2-4-4　光接口分类

应　　用		局 内 通 信	局 间 通 信			
			短 距 离		长 距 离	
光源标称波长/nm		1 310	1 310	1 550	1 310	1 550
光纤类型		G.652	G.652	G.652	G.652	G.652 G.654 / G.653
传输距离/km		≤2	~15		~40	~80
SMT 等级	SMT-1	1-1	S-1.1	S-1.2	L-1.1	L-1.2 / L-1.3
	SMT-4	1-4	S-4.1	S-4.2	L-1.1	L-4.2 / L-4.3
	SMT-16	1-16	S-16.1	S-16.2	L-16.1	L-16.2 / L-16.3

1. 长距离局间通信

长距离局间通信一般指局间再生段距离为 40 km 以上的场合,即长途通信。所用光源可以为高功率多纵模激光器(MLM)。也可以是单纵模激光器(SLM),取决于工作波长、速率、所用光纤类型等因素。

2. 短距离局间通信

一般指局间再生段距离为 15 km 左右的场合,主要适用市内局间通信和用户接入网环境。由于传输距离较近,从经济角度出发,建议两个窗口都只用 G.652 光纤。所用光源可以是 MLM,也可以是低功率 SLM。

3. 局内通信

一般传输距离为几百米,最多不超过 2 km。传统的局内设备之间的互连由电缆担任。出于电缆的传输衰减随频率的升高而迅速增加,因而随着传输速率的增加,传输距离越来越短,已不能适应使用要求。光纤的传输衰减基本与频率无关,而且衰减值很低,可以大大延伸传输距离。此外,采用光纤作局内通信还可以基本免除电磁干扰,避免电位差所造成的问题。由于传输距离不超过 2 km,系统只需工作在 1 310 nm 窗口,并采用 G.652 光纤即可。所用光源要求不高,低功率 MLM 或发光二极管(LED)均可适用。

表 2-4-4 总结了上述 3 种采用光纤的光接口分类、应用代码、光纤类型和典型传输距离。需要格外注意,表 2-4-4 中的距离只是目标性距离,用于分类目的,并非实际能达到的指标距离。实际工程距离必须按照有关公式计算。

(二)介绍光接口参数

1. 光线路码型

在传统的准同步光缆数字线路系统中,由于光接口是专用的,因而根据不同的使用要求和总体设计衍生出大量的线路码型。最常用的有 mBnB 分组码、插入比特码和简单扰码 3 大类。

在同步光缆数字线路系统中,其帧结构中已安排有丰富的段开销可用于运行、维护和管理功能。为了达成世界性标准,ITU-T 最终采用了简单扰码方式。这种码型最简单,线路速率不增加,没有光功率代价,无须编码,只要一个扰码器即可。

对于系统究竟要使用哪种码,分析结果表明,归零码(RZ)的接收灵敏度可以比非归零码(NRZ)高 1 dB 左右,而且均衡器判决器调整容易,色散影响可以减轻,色散受限传输距离可以延长。但是,从整个系统光功率利用率来看,NRZ 仍比 RZ 要优 1～2 dB,这一点在高速率系统应用时是很重要的。据此,目前 ITU-T 正式推荐的统一码型是扰码 NRZ。至于联合设计的加强型光接口,无须标准化,有些厂家出于色散考虑也有采用 RZ 码的。

2. 系统工作波长范围

为了在实现横向兼容系统时具有最大灵活性,也为了将来使用波分复用时提供最大的可用波长数,同步光缆数字线路系统希望有尽可能宽的系统工作范围,但这将受到一系列因素的限制,下面就分别进行讨论。

(1)模式噪声所限定的工作波长下限值。当光纤中有多个模式共存(特定条件下单模光纤也会发生)并形成随机起伏的时变干涉波时,这种时变干涉波在不完善的接头处会造成对传输信号的寄生调幅,形成模式噪声。由于这是一种乘性噪声,一旦产生就无法去掉,因此必须杜绝。

经过多年努力,ITU-T 达成了防范模式噪声的基本原则:保证系统中最短的无连接光缆长度上的有效截止波长不超过系统工作波长的下限,以便确保光纤中的单模传输条件。具体来说,要求基本光缆段内的最短无连接光缆段的长度(如维修光缆)应不短于 22 m,而 G.652 光纤和 G.653 光纤的光缆截止波长上限不大于 1 260 nm 或 1 270 nm,将来的趋势可能为 1 260 nm。

(2)光纤衰减所限定的工作波长范围。光纤内部衰减随着波长的增加而下降。但是,1 385 nm 和 1 245 nm 处的氢氧根吸收峰,以及长波长 1 600 nm 以上处的弯曲损耗和红外吸收损耗改变了上述单调下降的光纤谱衰减系数曲线的形状。

根据敷设光缆的衰减系数,考虑了现场光纤接头的损耗和光缆温度系数余度(−50～60 ℃),并假设 1 385 nm 的氢氧根吸收峰为 3 dB/km 后,所算得的最小允许波长范围如表 2-4-5 所示。

表 2-4-5　光缆衰减限定的波长范围

最大衰减系数/(dB/km)	光 纤 种 类	最小波长范围/nm
0.65	G.652	1 260～1 360
	G.652、G.653	1 430～1 580
0.40	G.652	1 270～1 340
0.25	G.652、G.653、G.654	1 480～580

(3)光纤色散限定的工作波长范围。根据光通道所允许的最大色散值和所要求的传输距离目标值可以求出光纤的色散系数值,而光纤的色散是波长的函数,由此可以进一步确定光纤色散所限定的波长范围。

由上述模式噪声、光缆衰减和色散所分别限定的工作波长区的公有部分,即最窄范围即为特定应用场合和传输速率下的系统于作波长范围。

(三)了解发送光口

(1)光谱特性。光谱特性是光源的重要参数,但其定义却五花八门尚未统一。在 ITU-T 建议 G.957 中只规范了以下 3 种参数:(a)最大均方根宽度。为了度量光脉冲能量的集中程度,通常采用均方根宽度(σ)。对于像多纵模激光器和发光二极管这样光能量比较分散的源采用 σ 来表征其光谱宽度是合适的。(b)最大 – 20 dB 宽度。单纵模激光器的光谱特性如图 2-4-12 所示,主要能量集中在主模中,因而其光谱宽度是按主模中心波长的最大峰值功率跌落 – 25 dB 时的最大全宽来定义的。(c)最小边模抑制比(SMSR)。单纵模激光器在动态调制时也会出现多个纵模。只是边模的功率比主模功率小很多而已。因此,为了控制 SLM 的模分配噪声,必须保证 SLM 有足够大的边模抑制比 SMSR。SMSR 定义为最坏反射条件时,全调制条件下主纵模(M_1)的平均光功率与最显著的边模(M_2)的光功率之比的最小值。ITU-T 建议 G.957 规定 SLM 的最小边模抑制比为 30 dB,即主模功率至少要比边模大 1 000 倍以上。

(2)平均发送功率。光发送机的输出功率被定义为当发送机送伪随机序列信号时在参考点所测得的平均光功率。通常,光发送机发送功率需有 1 ~ 1.5 dB 的富余度。光源的平均发送功率范围为 5 dB。

(3)消光比。光源的消光比 EX 被定义为最坏反射条件时,全调制条件下传号平均光功率与空号平均光功率比值的最小值。用公式来表示为

$$EX = 10 \lg \frac{A}{B} \qquad (2\text{-}4\text{-}5)$$

式中,A 为传号时平均光功率;B 为空号时平均光功率。

通常希望消光比大一些,有利于减少功率代价,但也不是越大越好。G.957 规定长距离传输时,消光比为 8.2 dB 或 10 dB。

(4)模板。在高速率光纤系统中,发送光脉冲的形状不容易控制,常常可能有上升沿、下降沿、过冲、下冲和振铃现象。这些都可能导致接收机灵敏度的劣化,因此必须加以限制。为此,G.957 建议给出一个规范的发送眼图的范本,如图 2-4-13 所示。要求不同 STM 等级的系统在 S 点应满足相应的不同模板形状的要求,模板参数如表 2-4-6 和表 2-4-7 所示。

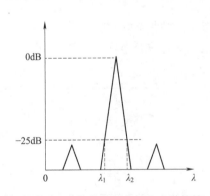

图 2-4-12 单纵模激光器的光谱特性

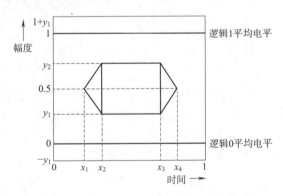

图 2-4-13 光发送信号的眼图模板

表 2-4-6 STM-1 和 STM4 的参数

参 数	SMT-1	SMT-4
x_1/x_4	0.15/0.85	0.25/0.75
x_2/x_3	0.35/0.65	0.40/0.60
y_1/y_2	0.20/0.80	0.20/0.80

表 2-4-7　STM-16 的参数

参　　数	SMT-16
$x_3 - x_2$	0.2
y_1/y_2	0.25/0.75

(四)认识接收光口

1. 接收机灵敏度

接收机的灵敏度定义为 R 点处为达到 1×10^{-10} 的 BER 值所需要的平均接收功率的最小可接受值。一般从刚开始使用的、正常温度下的接收机,比寿命终了并处于最恶劣温度条件下的接收机灵敏度余度大 2~3 dB。实际系统使用时,PIN-FET 成本低,速率不太高时性能不错,因此广泛应用于 622 Mbit/s 以下速率的系统中。锗 APD 在高速率(622 Mbit/s 或更高)下能提供更好的接收灵敏度,因此在高速率应用时获得广泛应用,但其灵敏度对温度很敏感。最有前途的高速率检测器件是 InGaAsAPD。其接收灵敏度比 PIN-FET 改善 5~10 dB,比锗 APD 改善约 3 dB。

2. 接收机超载功率

接收机超载功率定义为接收点处达到 1×10^{-10} 的 BER 值所需要的平均接收光功率的最大可接收值。对于 10 Gbit/s 系统及带光放大器的系统,则基准 BER 值为 1×10^{-12}。首先,当接收光功率高于接收灵敏度时,由于信噪比的改善使误比特率变小。当继续增加接收光功率时,接收机前端放大器进入非线性工作区,继而发生饱和或超载使信号脉冲波形产生畸变,导致码间干扰迅速增加和误比特率开始劣化。当误比特率再次达到 1×10^{-10} 时的接收光功率即为接收机超载功率。当接收功率处于接收灵敏度与接收超载功率之间时,接收机误比特率优于 1×10^{-10}。

设计系统时,为了适应较宽的应用范围,希望动态范围大些。为此,接收机前端放大器通常选用跨阻放大器。若结合其他负反馈措施可以进一步改善超载能力。此外,由于 APD 接收机可以将偏压控制也纳入自动增益控制环中,因此,其动态范围可以比 PIN-FET 接收机增加 5~10 dB。典型 PIN-FET 和 APD 接收机的动态范围分别为 20~30 dB 和 30~40 dB,要求过高将带来灵敏度损失和成本上升,所以需综合考虑。

3. 接收机反射系数

接收机反射系数定义为 R 点处的反射光功率与入射光功率之比。为了减轻多次反射的影响,应该对 B 点处的最大允许反射系数进行限制。如果采用高性能活动连接器,那么可以使多次反射幅度大幅减弱,使接收机能容忍较大的反射系数。一个极端的例子是系统仅有两个活动连接器的情况,此时接收机可以容忍高达 14 dB 的反射系数。

九、了解光波分复用

(一)定义光波分复用的概念

光波分复用(WDM)技术就是在一根光纤中同时传输多个波长光信号的技术。其基本原理就是在发送端采用波分复用器(合波器),将不同规定波长的信号光载波合并起来送入一根光纤进行传输。在接收端,再由波分复用器(分波器)将这些不同波长承载不同信号的光载波分开。由于不同波长的光载波信号可以看作互相独立(不考虑光纤非线性时),从而在一根光纤中可实现多路光信号的复用传输。双向传输的问题也很容易解决,只需将两个方向的信号分别安排在不同波长传输即可。根据波分复用器的不同,可以复用的波长数也不同,从两个至几十个不等,这取决于所允许的光载波波长的间隔大小。

WDM 与 SDH 的共同点在于它们都是建立在光纤这一物理介质上。但 WDM 又不同于 SDH,WDM 是更趋近于物理层的系统,它是在光域上进行的复用,实施点到点的应用;而 SDH 则是电路层实施的"光同步传送网"技术。目前,在 WDM 系统中,基于只考虑点到点的线性系统,WDM 可分为开放式 WDM 系统和集成式 WDM 系统。开放式 WDM 系统就是在波分复用器前加入 OTU(波长转换器),将 SDH 非规范的波长转换为标准波长。开放是指在同一 WDM 系统中,可以接入多家的 SDH 系统。开放式 WDM 系统适用于多厂家环境,以彻底实现 SDH 与 WDM 分开;集成式 WDM 系统就是 SDH 终端设备具有满足 G.692 的光接口,即把标准的光波长和长受限色散距离的光源集成在 SDH 系统中,在新建干线和 SDH 制式较少的地区,可以选择集成式 WDM 系统。但现在 WDM 系统采用开放系统的越来越多。

WDM 系统的基本构成主要有以下两种形式。

1. 单纤双向传输

双向 WDM 是指光通路在一根光纤上同时向两个不同的方向传输。如图 2-4-14 所示,所用波长相互分开,以实现双向全双工的通信。在双向 WDM 系统设计和应用时必须考虑几个关键的系统因素,如为了抑制多通道干扰,必须注意光反射的影响、双向通路之间的隔离、光监控通道(OSC)传输和自动功率关断等问题,同时要使用双向光纤放大器。所以,双向 WDM 系统的开发和应用相对来说要求较高,但与单向 WDM 系统相比减少了光纤和线路放大器的数量。

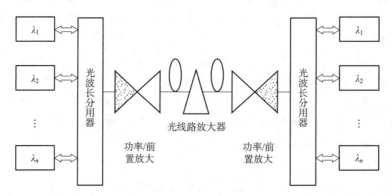

图 2-4-14　单纤双向 WDM 传输

2. 双纤单向传输

单向 WDM 是指所有光通路间是在一根光纤上沿同一方向传送。如图 2-4-15 所示,在发送端将不同波长的已调光信号 $\lambda_1, \lambda_2, \cdots, \lambda_n$ 通过光复用器组合在一起,并在一根光纤中单向传输。在接收端通过光解复用器将不同波长的信号分开,完成多路光信号传输的任务。反方向通过另一根光纤传输的原理相同。

(二)掌握密集波分复用的概念

随着 1 550 nm 窗口 EDFA 的商用化,人们不再利用 1 310 nm 窗口,而只在 1 550 nm 窗口附近传送多路光载波信号。由于这些 WDM 系统的相邻波长间隔比较窄,且工作在一个窗口内共享 EDFA 光放大器,为了区别于传统的 WDM 系统,人们把这种波长间隔更紧密的

WDM 系统称为密集波分复用（DWDM）系统。一般人们把光载波的波长间隔小于 8 nm 时的波分复用技术称为密集波分复用技术。此项技术大大增加了复用通道数目，提高了光纤带宽利用率。

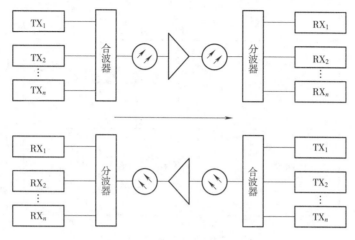

图 2-4-15　双纤单向 WDM 传输

下面介绍 DWDM 的系统结构

在发送端把不同波长的光信号复用到一根光纤中进行传送（每个波长承载一个 TDM 电信号），在接收端采用解复用器将各信号光载波分开的方式统称为波分复用。人们习惯上把在光的频域上不同的信号频率称为不同的波长。

光纤有两个低衰减窗口，即 1 310 nm 和 1 550 nm，波长为 1 310 nm 窗口的衰减在 0.3 ~ 0.4 dB/km，相应的带宽为 17 700 GHz；1 550 nm 窗口的衰减在 0.19 ~ 0.25 dB/km，相应的带宽为 12 500 GHz。两个窗口合在一起，总带宽可达 30 THz。即使按照波长间隔为 0.8 nm（100 GHz）计算，理论上也可以开通 200 多个波长的 DWDM 系统，因而目前光纤的带宽远远没有得到充分利用，DWDM 技术的出现正是为了充分利用这一带宽。

在 DWDM 系统中，EDFA 光放大器和普通的光/电/光再生中继器将共同存在，EDFA 用来补偿光纤的损耗，而常规的光/电/光再生中继器用来补偿色散、噪声积累带来的信号失真。

最初的 DWDM 系统非常简单，只是点对点的系统，中间没有光中继放大设备，后来不断改进发展，增加了光中继设备，一直到今天的既有光中继设备，又有光波长的上下复用设备（OADM），且具备了环路功能。目前，许多开发商都在开发新一代基于 DWDM 的全光网系统，将现在的 3R（Regenerate、Restoration 和 Retime）由光转化为电再转化为光上下复用技术发展到全光的交叉连接（OXC）技术。密集波分复用的结构如图 2-4-16 所示。

现在商用的 DWDM 系统结构有两种：开放式的 DWDM 系统和集成式的 DWDM 系统结构，是为了满足当前不同的 SDH 系统接口。

集成式系统由合波器、分波器、光纤放大器组成。它要求 SDH 终端设备具有满足 G.692 的光界面：标准的光波长、满足长距离传输的光源。这两项指针都是当前 SDH 系统不要求的。即把标准的光波长和受限色散距离的光源集成在 SDH 系统中。在接纳过去的老 SDH 系统时，还必须引入波长转换器（OTU），而且要求 SDH 与 DWDM 为同一个厂商，这在网络管理上很难将 SDH 和 DWDM 两者彻底分开。系统如图 2-4-17 所示。

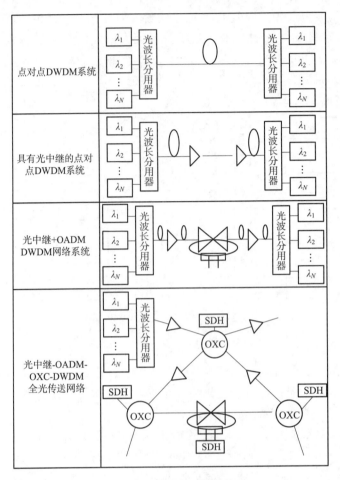

图 2-4-16　DWDM 的结构

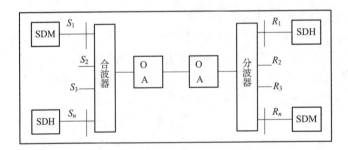

图 2-4-17　集成式 DWDM 系统

　　开放式系统由波长转换器(OTU)、合波器、分波器组成。就是在合波器前加入 OTU,将 SDH 非规范的波长转换为标准波长。开放是指在同 DWDM 系统中,可以接入多家的 SDH 系统。OTU 对输入端的信号没有要求,可以兼容任意厂家的 SDH 信号。OTU 输出端满足 G.692 的光界面:标准的光波长、满足长距离传输的光源。具有 OTU 的 DWDM 系统,不再要求 SDH 系统具有 G.692 接口,可继续使用符合 G.957 接口的 SDH 设备,可以接纳过去的 SDH 系统,实现不同厂家 SDH 系统工作在一个 DWDM 系统内,但 OTU 的引入可能对系统性能带来一定的负面影响;开放的 DWDM 系统适用于多厂家环境,彻底实现 SDH 与 DWDM 分开。开放式 DWDM 系统如图 2-4-18 所示。

波长转换器的主要作用在于把非标准的波长转换为 ITU-T 所规范的标准波长,以满足系统的波长兼容性。

DWDM 技术把复用方式从电域转移到光域,将光纤的带宽资源充分利用起来,解决了电时分复用的受电器件集成度的影响,真正实现了向全光网过渡的基础。无论 2.5 Gbit/s 的 DWDM 还是 10 Gbit/s 的 DWDM 系统均能实现超大容量的光纤传输,并且以其特有的透明传输各种不同速率、不同制式的光信号,在未来承载各种不同业务的信号方面,具有得天独厚的优势,是未来传输网的基础平台。

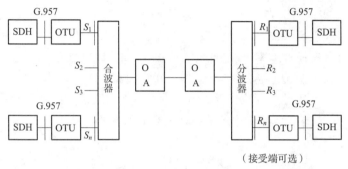

图 2-4-18　开放式 DWDM 系统

（三）认识粗波分复用概念

粗波分复用（CWDM）系统,即利用光复用器将在不同光纤中传输的波长结合到一根光纤中传输来实现。CWDM 的通道间隔为 20 nm,而 DWDM 的通道间隔很窄,一般有 0.2 nm、0.4 nm、0.8 nm、1.6 nm 几种,所以相对于 DWDM,CWDM 被称为粗波分复用技术。CWDM 目前的工作波段是从 1 470 ~ 1 610 mn,因为通道间隔为 20 mn,所以最大只能复用 8 波,将来这些系统有望在 1 290 ~ 1 610 nm 的频谱内扩展到 16 个复用波长。OFS 公司的零水峰全波光纤（All Wave）,由于消除了 1 400 nm 附近的巨大的氢氧根损耗,全波光纤的可用波长范围比其他的 G.652 光纤多了大约 100 nm。CWDM 主要运用在城域网范围内,可支持大约长达 80 km 的传输距离,误码率优于 1×10^{-12},支持多种业务的接入,包括 SONET/SDH（同步光纤网/同步数字系列）、ATM、GE（吉比特以太网）等业务。CWDM 能够利用大量的旧光缆（G.652 光缆）,节省初期投资成本并解决了光纤的资源问题。

十、讨论光交换技术

（一）介绍空分光交换

空分光交换技术是指通过控制光选通组件的通断,实现空间任意两点（点到点、一点到多点、多点到一点）的直接光通道连接。实现的方法是通过空间光路的转换加以实现,最基本的组件是光开关及相应的光开关数组矩阵。

空分光交换的核心器件是光开关。光开关有热光型、声光型和磁光型等多种类型,其中电光型光开关具有开关速度快、串扰小和结构紧凑等优点,有很好的应用前景。

（二）了解时分光交换

理论上,光纤可以提供 25 000 GHz 的带宽,如何充分利用这一巨大的带宽资源,成了目前各国研究机构争取达到的目标。采用传统的电的时分复用技术目前可以达到 40 Gbit/s 的水平。但是,由于电子迁移速率的限制,采用这种方法进一步提高速率已经十分困难。目前,有两种技术可以提高光纤的传输容量,一种是光波分复用(WDM)技术,另一种是光时分复用(OTDM)技术。

和 WDM 技术不同,OTDM 是采用超短光脉冲在时间上间插多用的方法来提高单个波长的传输速率,其速率可达几百吉比特每秒,大大超过了预计的电子速率的极限。

OTDM 之所以引起人们的关注,主要有两个原因:OTDM 可克服 WDM 的一些缺点,如由放大器级联导致的谱不均匀性、非理想的滤波器和波长变换所引起的串话、光纤非线性的限制、苛刻要求的波长稳定性装置及昂贵的可调滤波器;OTDM 技术被认为是长远的网络技术。为了满足人们对信息的大量需求,将来的网络必将是采用全光交换和全光路由的全光网络,而 OTDM 的一些特点使它作为将来的全光网络技术方案更具吸引力。

(1)可简单地接入极高的线路速率(高达几千亿比特每秒)。

(2)支路数据可具有任意速率等级,和现在的技术(如 SDH)兼容。

(3)由于是单波长传输,大大简化了放大器级联管理和色散管理。

(4)网络的总速率虽然很高,但在网络节点,电子器件只需以本地的低数据速率工作。

(5)OTDM 和 WDM 的结合可支撑未来超高速光通信网的实现。

(三)认识波分光交换

在电信网络中使用于 DWDM 波长越来越多时,对于这些波道须做弹性的调度或路由的改接,此时必须通过光交接机来完成此项功能,通常它可置于网络上重要的汇接点,在其输入端可接收不同波长信号,通过光交接机将它们指配到任一输出端。

波分复用系统将由传统的点到点传输系统向光传送网发展。波分复用系统形成波分复用光网络,即光传送网(OTN),将点到点的波分复用系统用光交叉互联(OXC)节点和光分插复用(简称 OADM)节点连接起来,组成光传送网。波分复用技术完成 OTN 节点之间的多波长信道的光信号传输,OXC 节点和 OADM 节点则完成网络的交换功能。

光交叉连接(OXC)是光网络最重要的网元设备,OXC 的主要功能是光信道的交叉连接功能、本地上下路功能、连接和带宽管理功能。除了实现这些主要功能外,端口指配、组播、广播和波长变换等也是经常需要的功能。性能优良的 OXC 应不仅能够满足光网络现有的需求,也能够使光网络方便、高效地进行升级和扩展。

OXC 的结构正向多层次的方向发展,可能的交换层次包括光纤束(多根光纤构成光纤束)级、光纤级、波带级、波长级及时分级。

(四)探讨 ASON

ASON(Automatically Switched Optical Network,自动交换光网络)的概念来源于 ION(智能光网络)。ASON 是在选路和信令控制下,完成自动交换功能的新一代光网络,是一种标准化了的智慧光传送网,代表了未来智能光网络发展的主流方向,是下一代智慧光传送网络的典型代表。

ASON 首次将信令和选路引入传送网,通过智能的控制层面来建立呼叫和连接,使交换、传送、数据 3 个领域又增加了一个新的交集,实现了真正意义上的路由设置、端到端业务调度和网络自动恢复,是光传送网的一次具有里程碑意义的重大突破,被广泛认为是下一代光网络的主流技术。

ASON 是以 SDH 和光传送网(OTN)为基础的自动交换传送网,它用控制平面来完成配置和连接管理的光传送网,以光纤为物理传输介质,SDH 和 OTN 等光传输系统构成的具有智能的光传送网。根据其功能可分为传送平面、控制平面和管理平面。这 3 个平面相对独立,互相之间又协调工作。

1. ASON 的体系结构

ASON 网络结构最核心的特点就是支持电子交换设备动态向光网络申请带宽资源,可以根据网络中业务分布模式动态变化的需求,通过信令系统或者管理平面自动建立或者拆除光通道,而不需要人工干预。采用自动交换光网络技术之后,原来复杂的多层网络结构可以变得简单和扁平化,光网络层可以直接承载业务,避免了传统网络中业务升级时受到的多重限制。ASON 的优势集中表现在其组网应用的动态、灵活、高效和智能方面。支持多粒度、多层次的智能,提供多样化、个性化的服务,是 ASON 的核心特征。

ASON 网络由控制平面、管理平面和传送平面组成,其中的数据通信网(DCN)分布于三大平面之中,如图 2-4-19 所示。

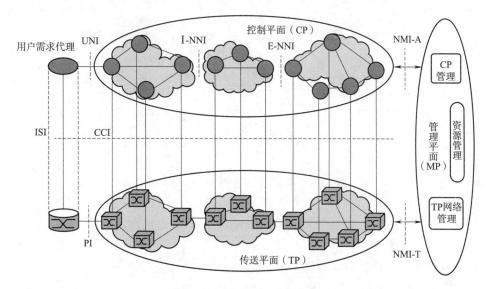

图 2-4-19   ASON 的体系结构

PI—物理接口;UNI—用户网络接口;I-NNI—内部网络接口;E-NNI—外部网络接口;
CCI—连接控制接口;NMI-A—网络管理接口;NMI-T—网络管理接口

2. ASON 的控制平面

(1)ASON 的特点。控制平面是 ASON 最具特色的部分,它的引入赋予了 ASON 智慧性和生命力,给 ASON 带来了一些新特点。

• 能实现实时的流量工程,能根据用户的请求动态地分配带宽,使得网络资源能够被充分利用。

• 具有快速的服务指配功能,能自动地建立、维护和删除连接。

• 能根据传送网络资源实时的使用情况,动态地进行网络的重构和故障的恢复。

• 支持各种新的业务类型(如相关用户组和虚拟专用网等)。

控制平面由独立的或者分布于网元设备中的通过信令通道连接起来的多个控制节点组成。而控制节点又由路由、信令、资源管理和自动发现等功能模块组成。在 ITU-T 的建议中,控制平面节点的核心结构组件主要有连接控制器(CC)、呼叫控制器(CallC)、路由控制器(RC)、链路资源管理器(LRM)、流量策略(TP)、协议控制器(PC),这些组件分工合作,共同完成控制平面的功能。它们之间的关系如图 2-4-20 所示。

（2）各组件的功能：

- CallC 和 CC 负责完成信令功能，分别实现 ASON 中分离的呼叫和连接处理两个过程。其中 CC 是整个节点功能结构中的核心，它负责协调链路资源管理器（LRM）、路由控制器（RC）及对等或者下层连接控制器（CC），以达到管理和监测连接的建立、释放和修改并建立连接参数的目的。

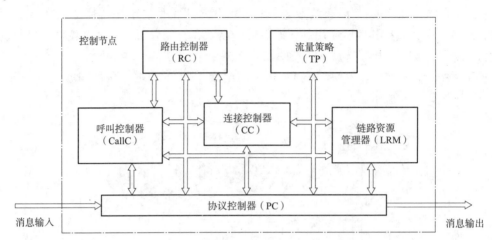

图 2-4-20　ASON 控制节点结构组件

- RC 负责完成路由功能，为 CC 将要发起的连接建立选择路由，同时它还负责网络拓扑和资源利用等信息的分发。
- LRM 负责完成资源管理功能，检测网络资源状况，对链路的占用、状态、告警等特性进行管理。
- PC 起到消息分类收集和分发的作用，负责将通过接口的消息正确送往处理的模块。
- TP 负责检查用户连接是否满足以前协商好的参数配置。

从上面的描述不难看出，智能光网络的"智能"主要体现在控制平面上，从传统的静态配置的光传送网演进到自动交换光网络，无论是网络节点结构、业务提供方式，还是光通道指配方案和选路的策略都发生了很大的变化。从控制技术的角度出发，自动发现、链路资源管理、路由和信令是 ASON 控制平面最关键的问题，也是实现 ASON 所有智能功能的前提和基础。

3. ASON 的 3 种连接

ASON 支持 3 种连接：交换连接、永久连接和软永久连接。

（1）交换连接。交换连接（SC）是由控制平面发起的一种全新的动态连接方式，是由源端用户发起呼叫请求，通过控制平面内信令实体间信令交互建立起来的连接类型，如图 2-4-21 所示。交换连接实现了连接的动化，满足快速、动态并符合流量工程的要求，这种类型的连接集中体现了自动交换光网络（ASON）的本质要求，是 ASON 连接实现的最终目标。

（2）永久连接。永久连接（PC）是由网管系统指配的连接类型。沿袭了传统光网络的连接建立形式，连接路径由管理平面根据连接要求及网络资源利用情况预先计算，然后沿着连接路径通过网络管理接口（NMI-T）向网元发送交叉连接命令，进行统一指配，最终完成通路的建立过程。

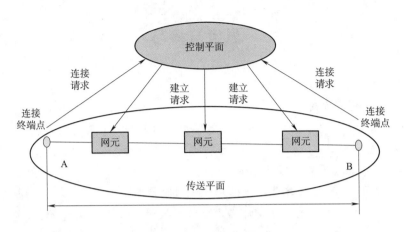

图 2-4-21　ASON 中的交换连接

（3）软永久连接。软永久连接（SPC）由管理平面和控制平面共同完成，是一种分段的混合连接方式。软永久连接中用户到网络的部分由管理平面直接配置，而网络部分的连接由控制平面完成。可以说，软永久连接是从永久连接到交换连接的一种过渡类型的连接方式。

3 种连接类型的支持使 ASON 能与现存光网络"无缝"连接，也有利于现存网络向 ASON 的过渡和演变。可以说，自动交换光网络代表了光通信网络技术新的发展阶段和未来的演进方向。

任务小结

一个光纤通信系统通常由三大块构成：光发射机、传输介质和光接收机。由于光纤链路构成的光通路将光发射机和光接收机连接起来后就在光网络上形成了一条点到点的光连接。而这种光纤链路可将一个或多个光网络（交换）节点互相连接起来，最终构成通信网。网络的使用克服了点到点全连接独享线路容量的弊端。

作为一种全新的传输网体制，SDH 网的特点有：使 1.5 Mbit/s 和 2 Mbit/s 两大数字体系（3 个地区性标准）在 STM-1 等级以上获得统一；采用了同步复用方式和灵活的复用映射结构；SDH 帧结构中安排了丰富的开销比特（大约占信号的 5%），因而使网络的 OAM 能力大大加强；由于将标准光接口综合进各种不同的网元，减少了将传输和复用分开的需要，从而简化了硬件，缓解了布线拥挤；由于用一个光接口代替了大量电接口，因而 SDH 网所传输的业务信息可以不必通过常规准同步系统所具有的一些中间背靠背电接口而直接经光接口通过中间节点，省去了大量的相关电路单元和机线光缆，使网络的可用性和误码性能都获得改善；SDH 网与现有网络能完全兼容，即可以兼容现有准同步数字体系的各种速率。

光波分复用（WDM）技术就是在一根光纤中同时传输多个波长光信号的技术。其基本原理就是在发送端采用波分复用器（合波器），将不同规定波长的信号光载波合并起来送入一根光纤进行传输。

光交换是指不经过任何光/电转换，将输入端光信号直接交换到任意的光输出端。光交换是全光网络的关键技术之一。在现代通信网中，全光网是未来宽带通信网的发展方向。

※思考与练习

一、填空题

1. WDM 技术从传输方向分,有_____和_____两种基本应用形式。

2. 光纤通信系统包括电信号处理部分和光信号传输部分。光信号传输部分主要由基本光纤传输系统组成,包括_____、_____、光接收机 3 个部分。

3. 一个传输网是由两种基本设备构成的,即_____和_____。

4. 光波分复用(WDM)技术就是在一根光纤中同时传输_____的技术。

5. WDM 中通常在业务信息传输带外选用一特定波长作为监控波长,优先选用的波长为_____。

6. 集成式的 DWDM 系统由_____、_____、_____组成。

7. 空分光交换的核心器件是_____。光开关有_____等多种类型。

8. 光交叉连接(OXC)是光网络最重要的网元设备,OXC 的主要功能是_____。

9. ASON 网络由_____、_____和_____组成。

二、判断题

1. 目前有两种途径可以提高传输速率:波分复用 WDM 和光时分复用 OTD。（　　）

2. 时分复用可分为比特交错 OTDM 和分组交错 OTDM,只有前一种方式需要利用信号区分不同的复用数据或分组。（　　）

3. 决定光纤通信中继距离的主要原因是光纤的损耗和传输带宽。（　　）

4. CWDM 可采用不带冷却器的半导体激光器。（　　）

5. TDM 技术可以克服 WDM 技术中的一些固有限制,如光放大器级联导致的增益谱不平坦、信道串扰问题、非线性效应的影响以及对光源波长稳定性的要求等。（　　）

6. 波长转换器的主要作用在于把非标准的波长转换为 ITU-T 所规范的标准波长,以满足系统的波长兼容性。（　　）

7. 固体光开关的优点是插入损耗小、干扰小,适合各种光纤技术成熟;缺点是开关速度慢。（　　）

三、选择题

1. 下列光域交叉连接设备与交换机的说法正确的是(　　)

   A. 两者都能提供动态地通道连接　　　　B. 两者输入/输出都是单个用户话路

   C. 两者通道连接变动时间相同　　　　　D. 两者改变连接都由网管系统配置

2. WDH 系统的单纤双向传输方式可实现以下(　　)通信。

   A. 单工　　　　　　　　　　　　　　B. 双工

   C. 全双工　　　　　　　　　　　　　D. 单工与双工

3. 光纤数字通信系统中不能传输 HDB3 码的原因是(　　)。

   A. 光源不能产生负信号光　　　　　　B. 将出现长连"1"或长连"0"

   C. 编码器太复杂　　　　　　　　　　D. 码率冗余度太大

4. ASON 支持以下(　　)连接。

    A. 交换　　　　　　　　　　　　B. 永久

    C. 软永久　　　　　　　　　　　D. 以上都是

5. 光合波器的作用是(　　)。

    A. 将多个光波信号合成一个光波信号在一根光纤中传输

    B. 将多路光信号合并成一路光信号在光纤中传输

    C. 将同波长的多个光信号合并在一起耦合到一根光纤中传输

    D. 将不同波长的多个光信号合并在一起耦合到一根光纤中传输

6. 下列不是 WDM 的主要优点是(　　)。

    A. 充分利用光纤的巨大资源　　　　B. 同时传输多种不同类型的信号

    C. 高度的组网灵活性,可靠性　　　D. 采用数字同步技术不必进行码型调整

7. 下列要实现 OTDM 解决的关键技术中不包括(　　)。

    A. 全光解复用技术　　　　　　　B. 光时钟提取技术

    C. 超短波脉冲光源　　　　　　　D. 匹配技术

四、简答题

1. 对于远距离光信号传输,有什么方法可以补偿光功率的减少?

2. 目前主要的光交换网络有几种?

3. 简述 WDM 与 SDH 的异同。

4. ASON 的特点有哪些?

实战篇

常用仪表使用

引言

OTDR(Optical Time Domain Reflectometer,光时域反射仪)是利用光线在光纤中传输时的瑞利散射和菲涅尔反射所产生的背向散射而制成的精密的光电一体化仪表,它被广泛应用于光缆线路的维护、施工之中,可进行光纤长度、光纤传输衰减、接头衰减和故障定位等的测量。

通过发射信号到返回信号所用的时间,确定光在玻璃物质中的速度,就可以计算出距离。以下公式就说明了 OTDR 是如何测量距离的。

$$D = \frac{c \times t}{2(\text{IOR})}$$

式中,c 是光在真空中的速度,t 是信号发射后到接收到信号(双程)的总时间(两值相乘除以 2 后就是单程的距离)。因为光在玻璃中要比在真空中的速度慢,所以为了精确地测量距离,被测的光纤必须要指明折射率(IOR),IOR 由光纤生产商来标明。

学习目标

- 掌握光功率计的设置与使用方法。
- 掌握 OTDR 的设置与故障定位方法。
- 具备独立完成 OTDR 仪表的设置、光谱分析能力。

知识体系

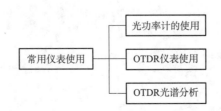

项目三
仪器操作使用

任务一　光功率计的使用

📠 任务描述

　　当需要确认某光口是否正常发光或某段线路是否正常时,此期间需要对光功率计进行设置,使用光功率计测量光功率,记录测试数据并进行比较。

📋 任务目标

- 应用:光功率计的使用方法。
- 应用:OTDR 仪表设置与故障定位。
- 应用:OTDR 仪表的光谱分析方法。

🖐 任务实施

　　任务操作步骤如下:

　　(1)确认需要测量的光源端口。

　　(2)使用一根跳纤连接光功率计与光源接口,如图 3-1-1 所示。

　　(3)按下光功率计的开机按钮,按下 ON/OFF 键后设备将开启,并自动进行初始零点校准,如图 3-1-2 所示。

　　(4)查看光功率显示,PON 功率计可同时测量 PON 网络中的上行信号 1 310 nm,下行数据信号 1 490 nm 和下行视频信号 1 550 nm 的输出功率。开机后,屏幕上就同时显示 3 个信道的实测功率值,如果显示 LO 表示输入光信号强度过低,显示 HI 表示输入光信号过强,每个信道的极限参数参考仪表的详细参数,如图 3-1-3 所示。

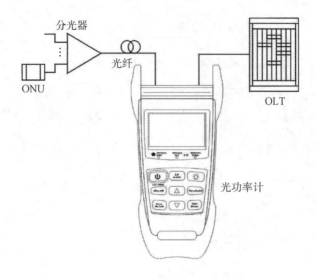

图 3-1-1　光功率测试连接图

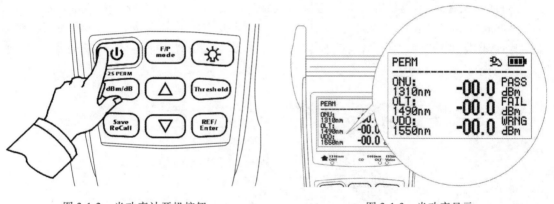

图 3-1-2　光功率计开机按钮　　　　　　图 3-1-3　光功率显示

（5）判断线路是否符合通信要求，按下 F/P mode 按钮，如果满足线路设计规范中的功率指标，屏幕上相对应的波长功率值后就会显示 PASS 表示通过。如果实测功率即将失去通信，则显示 WRNG 表示警告即将不能通信。如果信号太小甚至没有信号，则显示 FAIL 表示通信失败，不能连接。在屏幕下方同样有 3 个指示灯表示 3 个信道的情况，绿色表示 PASS，橙色表示 WRNG，红色表示 FAIL，如图 3-1-4 所示。

（6）设置光功率计的光功率参考值。参考值的设置一般用于测量实际线路前，预先去除不计算在实际线路损耗中的衰减值，或用于比对与设置标准功率的差异。REF/Enter 键用于设置或查看参考值。短按此键屏幕将显示所设置的 dBm 值。当长按此键达 2 s 或以上时，设备会将当前测量值覆盖原来的设置值（同时设置 3 个波长的参考值），并作为新的参考值。同时蜂鸣器发出提示音，之后将显示实际测量的相对差值。dB/dBm 按键可以切换"相对值/绝对值"显示，如图 3-1-5 所示。

图 3-1-4　判断线路设计规范中的功率指标

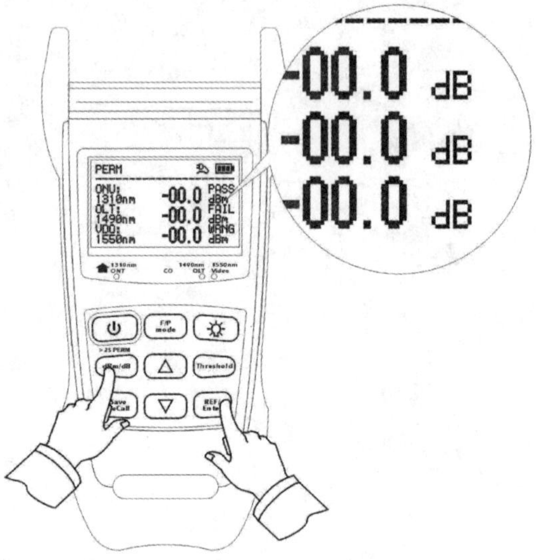

图 3-1-5　光功率计的光功率参考值

　　(7)阈值设置,阈值的设置用于快速检测线路是否能够达标,以及确定线路是否可用。按下 Threshold 键用于设置或查看阈值。继续按下此键后仪表显示存储菜单,当再次按下此键后仪表退回到测试界面,并且把当前阈值编号所设置的数据作为快速判断测量的参考值,如图 3-1-6 所示。

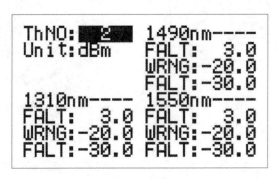

图 3-1-6　阈值

　　进入阈值设置菜单后光标默认停留在阈值编号上,首先选择需要设置或修改的阈值编号,通过 REF/Enter 键来选择。仪表可以设置 10 组阈值信息。

　　选定了阈值编号后,可通过上下键来设置相对应的参数。每个信道有 3 个参数,以 1 310 nm 为例,参数含义如图 3-1-7 所示。

　　光标移动到相对应的参数后,按 REF/Enter 键,可移动到每一位数据,再通过上下键修改数据后按 REF/Enter 键直到整条数据变为光标,即表示修改成功。设置完成后通过 Threshold 键退出到测试界面。

　　(8)数据存储,测量数据的存储用于记录一些重要的测量数据,以便于测量后的分析。在测量界面的情况下,按 Save/ReCall 键,即可存储当前的测量数据,仪表可以存储 10 条数据,存满后会自动覆盖第一条数据,依此类推循环存储。需要查看存储数据时按两次 Threshold 键,显示的菜单中记录着历史数据。按上下键可以翻页。再次按下 Threshold 键,退回到测量界面,如图 3-1-8 所示。

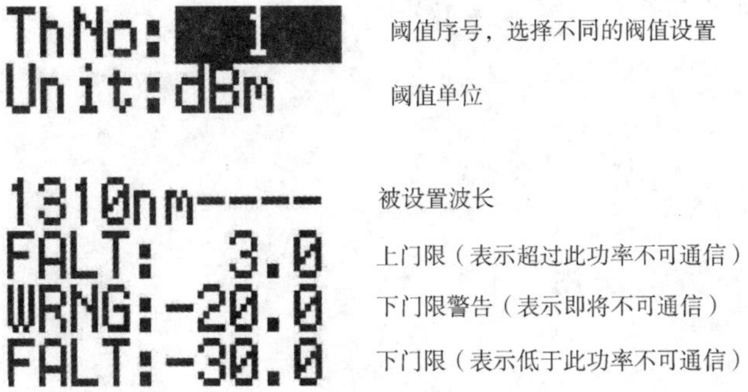
ThNo: 1
阈值序号，选择不同的阈值设置
Unit:dBm
阈值单位
1310nm----
被设置波长
FALT: 3.0
上门限（表示超过此功率不可通信）
WRNG:-20.0
下门限警告（表示即将不可通信）
FALT:-30.0
下门限（表示低于此功率不可通信）

图 3-1-7　参数说明

History
1310 1490 1550
01 -31.7 - 6.2 -27.5
02 -32.0 -13.1 - 3.1
03 NONE NONE NONE
04 NONE NONE NONE
05 NONE NONE NONE
<-Prev Next->

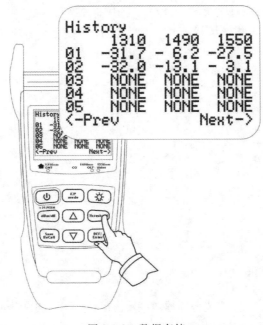

图 3-1-8　数据存储

任务小结

通过本任务,可学习到光功率计的端口连接方法,光功率计的设置方法,光功率的数据读取,光功率的数据存储与比对。

※思考与练习

一、填空题

1. 光功率计开机后,屏幕上就同时显示 3 个信道的实测功率值,如果显示 LO 表示______

_____,显示 HI 表示 _____。

2. 判断线路是否符合通信要求,按下 F/P mode 键如果 _____
____,屏幕上相对应的波长功率值后就会显示 PASS,表示通过。

二、简答题

1. 简述光功率计参数设置步骤。

2. 简述光功率计阈值的设置步骤。

任务二　OTDR 仪表使用

任务描述

当某段线路发生中断故障时,需要对故障点进行简单定位,然而一条线路都是数千米长,在寻找故障点时不可能沿着光缆线路勘察下去,使用 OTDR 仪表可直接判断光纤断点至测量端口间的距离。根据这段距离,故障处理人员可快速定位故障点。

任务目标

- 熟悉 OTDR 仪表测量准备。
- 掌握 OTDR 仪表的操作方法。

任务实施

任务操作步骤如下:

一、OTDR 试验前的准备

(1)检查光缆两端有无光源;有光源须通知试验协助员关闭两侧设备光源,无光源可直接测试。

(2)检查设备接口是否良好确无异物,有异物须用酒精棉擦拭干净。

(3)通知试验协助人员取下需要测量的光纤并记录光纤序号。

二、试验设备与测量准备

(1)准备测试仪。

(2)连接光纤前确认设备电源处于关闭状态。

(3)开机检查仪器电池电源是否充足,检查设备状态是否完好。

三、试验设备操作

(1)打开电源开关,进入设备主菜单。

(2)连接尾光纤至设备上端 OTDR 接口处并拧紧接头,如图 3-2-1 所示。

(3)测试实验前检查设备参数信息设置(可选择自动模式),如图 3-2-2 所示。

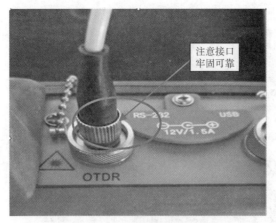

图 3-2-1　连接尾光纤至设备

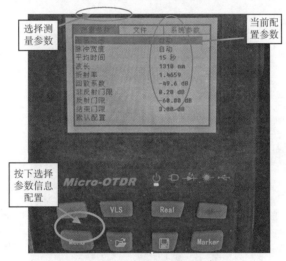

图 3-2-2　检查设备参数设置

（4）按下测试键开始测试，如图 3-2-3 所示。

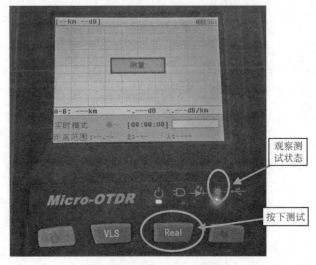

图 3-2-3　按 Real 键测试

（5）查看测试结果，如图 3-2-4 所示。

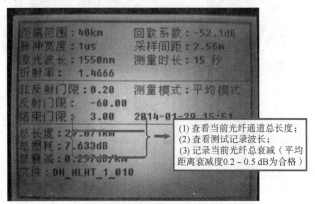

图 3-2-4 试验参数记录

（6）按保存键进行保存，并输入存储的名称，如图 3-2-5 所示。

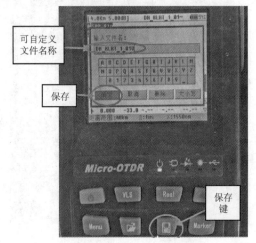

图 3-2-5 保存试验参数

四、试验现场整理

（1）通知试验协助员取下光纤恢复原状。

（2）整理仪器设备，清理试验现场。

任务小结

通过本任务，可学习到 OTDR 仪表的端口连接、基础参数设置、测量方法、测试结果记录与存储等。

※ 思考与练习

一、简答题

1. 简述 Micro – OTDR 光时域反射仪的功能。

2. 简述测量某一光纤通道总长度的步骤。

任务三 OTDR 光谱分析

任务描述

当遇到的光纤故障不是中断而是光功率异常时,则需要对 OTDR 光谱进行细致的分析,寻找故障原因,定位故障点。

任务目标

- 掌握 OTDR 仪表的参数设置方法。
- 掌握 OTDR 仪表的数据测量方法。
- 掌握 OTDR 仪表的数据分析方法。

任务实施

任务操作步骤如下:

(1)根据不同厂家型号的 OTDR,按参数设置要求进行人工参数设置。

①波长选择(λ):因不同的波长对应不同的光线特性(包括衰减、微弯等),测试波长一般遵循与系统传输通信波长相对应的原则,即系统开放 1 550 波长,则测试波长为 1 550 nm。

②设置脉宽(Pulse Width):脉宽越长,动态测量范围越大,测量距离越长,但在 OTDR 曲线波形中产生盲区更大;短脉冲注入光平低,但可减小盲区。脉宽周期通常以 ns 来表示。

③设置测量范围(Range):OTDR 测量范围是指 OTDR 获取数据取样的最大距离,此参数的选择决定了取样分辨率的大小。最佳测量范围为待测光纤长度的 1.5 ~ 2 倍。

④设置平均时间:由于后向散射光信号极其微弱,一般采用统计平均时间的方法来提高信噪比,平均时间越长,信噪比越高。例如,平均时间 3 min 的获得取样比 1 min 的获得取样提高 0.8 dB 的动态。但超过 10 min 的获得取样时间对信噪比的改善并不大。一般平均时间不超过 3 min。

⑤光纤参数:其设置包括折射率和后向散射系数和后向散射系数的设置。折射率参数与距离测量有关,后向散射系数则影响反射与回波损耗的测量结果。这两个参数通常由光纤生产厂家给出。

(2)在 ODF 侧找到光缆成端端口。

(3)用双圆尾纤连接待测试光缆和 OTDR 输入端口。

(4)在 OTDR 上选择自动测试,并启动测试。

(5)测试曲线稳定后,对测试结果进行分析并记录。

①正常曲线分析。如图 3-3-1 所示。

判断曲线是否正常的方法:

- 曲线主体斜率基本一致,且斜率较小,说明线路衰减常数较小,衰减的不均匀性较好。按

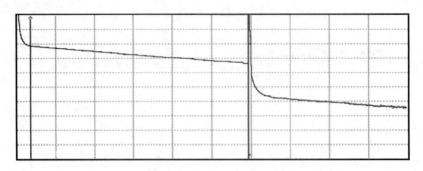

图 3-3-1　正常曲线

照国标 YD/T 901—2001 的规定：

B1.1 和 B4 类单模光纤的衰减系数应符合如表 3-3-1 所示的规定。

表 3-3-1　B1.1 和 B4 类单模光纤的衰减系数

光 纤 类 别	B1.1			B4	
使用波长/nm	1 310	1 550	1 6 × ×	1 550	1 6 × ×
衰减系数最大值/dB/km	0.36 0.40	0.22 0.25	0.32 0.35	0.22 0.25	0.32 0.35

注：当光纤要在 L 波段使用时，才对 16 × × nm 衰减有要求。（× × ≤25 nm）

衰减不均匀性要求：在光纤后向散射曲线上，任意 500 m 长度上的实测衰减值与全长平均每 500 m 的衰减值之差的最坏值应不大于 0.05 dB。

衰减点不连续性要求：对 B1.1 类单模光纤，在 1 310 nm 波长档位，一连续光纤长度上不应有超过 0.1 dB 的不连续点；在 1 550 nm 波长，一连续光纤长度上不应有超过 0.05 dB 的不连续点；对 B4 类单模光纤，在 1 550 nm 波长，一连续光纤长度上不应有超过 0.05 dB 的不连续点。

• 无明显"台阶"，说明线路接头质量较好，一般指标要求：接头损耗（双向平均值）≤ 0.1 dB/个。

• 尾部反射峰较高，说明远端成端质量较好。

②异常曲线分析：

• 曲线有大台阶，如图 3-3-2 所示。

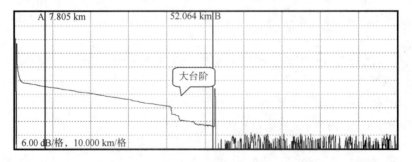

图 3-3-2　大台阶

图 3-3-2 中有明显"台阶"，若此处是接头处，则说明此接头接续不合格或者该根光纤在融纤盘中弯曲半径太小或受到挤压；若此处不是接头处，则说明此处光缆受到挤压或打急弯。

● 曲线有段斜率较大,如图 3-3-3 所示。

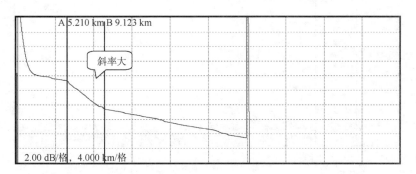

图 3-3-3　斜率较大

图 3-3-3 中的曲线斜率明显较大,说明此段光纤质量不好,衰耗较大。

● 曲线远端没有反射峰。如图 3-3-4 所示,此段曲线尾部没有反射峰,说明此段光纤远端成端质量不好或者远端光纤在此处折断。

● 幻峰(鬼影)的识别与处理。幻峰(鬼影)的识别:曲线上鬼影处未引起明显损耗,如图 3-3-5 所示;沿曲线鬼影与始端的距离是强反射事件与始端距离的倍数,成对称状,如图 3-3-6 所示。

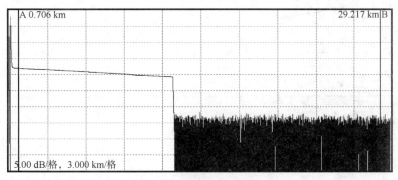

图 3-3-4　远端没有反射峰

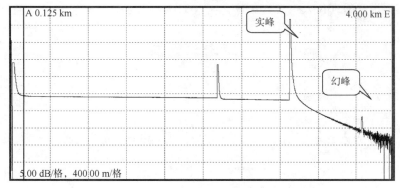

图 3-3-5　实峰与幻峰 1

消除幻峰(鬼影):选择短脉冲宽度、在强反射前端(如 OTDR 输出端)中增加衰减。若引起鬼影的事件位于光纤终结,可"打小弯"以衰减反射回始端的光。

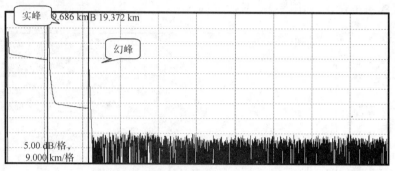

图 3-3-6　实峰与幻峰 2

• 正增益现象处理:在 OTDR 曲线上可能会产生正增益现象,如图 3-3-7 所示。正增益是由于在熔接点之后的光纤比熔接点之前的光纤产生更多的后向散光而形成的。事实上,光纤在这一熔接点上是熔接损耗的。常出现在不同模场直径或不同后向散射系数的光纤的熔接过程中,因此,需要在两个方向测量并对结果取平均作为该熔接损耗。在实际的光缆维护中,接头平均损耗为≤0.08 dB。

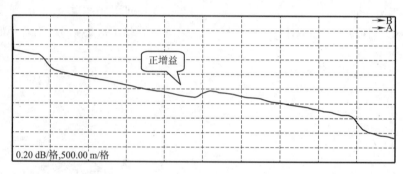

图 3-3-7　正增益现象

🛰 任务小结

本任务主要讲解 OTDR 人工设置参数含义、OTDR 曲线的产生各种情况的原因及分析。

※思考与练习

一、填空题

1. 测量曲线主体斜率基本一致,且斜率较小,说明 _____。
2. 曲线尾部没有反射峰,说明 _____。

二、简答题

1. 简述幻峰(鬼影)的识别与处理步骤。
2. 为什么 OTDR 曲线上可能会产生正增益现象?

工程篇

光纤线路故障案例分析

引言

在商业网络中,网络拓扑一般都会采用环状来组建网络,成环率是网络安全评审标准的重要指标之一。模块故障直接影响到线路的正常运行,系统告警时就是在线路端口上。此类故障都可以归结在线路故障内。线路故障在光通信网络的运维过程中占据了网络故障总数的90%。可见,线路故障处理在光通信系统运维中的重要位置。

以下是某光通信网络的部分环路图。网络由 8 端 ZXCTN 6000 网元组成,其中网元 A、B 为 6 300,网元 C、D、E 为 6 200,网元 F、G、H 为 6 100。

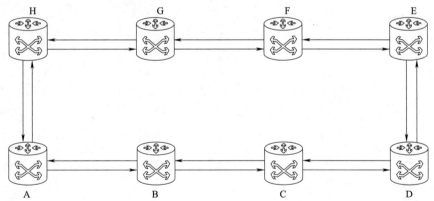

学习目标

- 掌握光纤中断故障处理方法。
- 掌握单纤中断故障处理方法。
- 掌握"鸳鸯纤"故障处理方法。
- 掌握光功率过低故障处理方法。
- 掌握光功率过高故障处理方法。

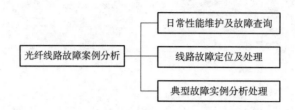

项目四

光纤中断故障案例分析

任务一　日常性能维护及故障查询

📺 任务描述

当发生线路故障时，系统会自动告警。日常维护中需要实时监控线路状态，如发生故障需要在 U31 网元管理系统中查询故障告警内容，并对线路状态进行实时监控和查询。

📑 任务目标

熟悉 U31 网元管理系统的故障查询流程，并查询故障告警内容，监控和查询线路状态。

📝 任务实施

一、告警查询

（1）在 U31 网元管理系统的主菜单中，选择"告警"→"告警监控"命令，打开告警监控窗口。

（2）在左侧的管理导航树中，双击当前告警、历史告警、通知下面的节点，查询相关告警。也可以双击自定义查询下的节点，按定制模板查询相关告警。告警查询导航树如图 4-1-1 所示。

二、性能查询

（一）监控实时性能

（1）在 U31 网元管理系统的主菜单中，选择"性能"→"实时流量管理"→"实时流量监控"命令，打开实时流量监控窗口。

（2）设置需要监控的网元、监控对象类型以及监控对象。

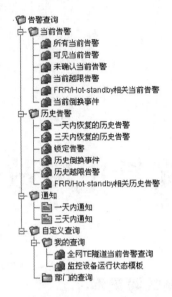

图 4-1-1　告警查询导航树

（3）在启动设置中选择立即运行或者稍后运行。

（4）设置采样周期。

（5）在停止设置中选择指定采样次数或者指定停止时间。

（6）单击"开始"按钮，对已经设置的对象进行性能实时监控。

（二）查询当前性能

（1）在 U31 网元管理系统的主菜单中，选择"性能"→"当前性能查询"命令，打开新建当前性能查询窗口。

（2）在计数器选择并设置参数，如表 4-1-1 所示。

表 4-1-1　在计数器选择并设置参数

参　数	说　明
通用模板	在下拉框中选择网管自带的或自定义的通用模板，或者不选择模板
测量对象类型	使用默认值性能检测点
可选择的计数器	当不选择通用模板时，可在性能计数器导航树中展开各节点，勾选需要查询的性能项
已选计数器	显示从性能计数器导航树中勾选的性能项

（3）切换到位置选择页面，设置相关参数，如表 4-1-2 所示。

表 4-1-2　设置选择页面相关参数

参　数	说　明
通配层次	从下拉框中选择通配层次，如单板
网元位置	在 EMS 服务器导航树中选中需查询的网元。当通配层次选择全网所有网元或选择到网元时，不需配置
测量对象位置	在测量对象树导航树中选中测量对象。例如，当通配层次选择单板时，在测量对象树下选中对应的单板。 当通配层次选择全网所有网元或选择到网元时，不需要配置

（4）单击"确定"按钮,当前性能查询页面显示查询到的性能。设置查询条件完成后,可单击保存下拉选项,将设置的查询条件保存作为查询模板和通用模板。

（三）查询历史性能

（1）在主菜单中,选择"性能"→"历史性能数据查询"命令,打开历史性能数据查询窗口。单击工具栏中的快捷图标也可以打开历史性能数据查询窗口。

（2）在查询指标/计数器、查询对象、查询时间页面设置查询参数,参数设置与通过拓扑视图查询历史性能相同。

（3）单击"确定"按钮,历史性能数据查询页面显示查询到的性能。设置查询条件完成后,可单击保存下拉选项,将设置的查询条件保存作为查询模板和通用模板。

任务小结

本任务主要是熟悉日常线路维护过程中发生故障时的处理方法。在 U31 网元管理系统中查询故障告警内容,并对线路状态进行实时监控和查询。

※思考与练习

简答题

1. 在 U31 网元管理系统中可以查询哪些告警信息?
2. 简述在 U31 网元管理系统中查询当前性能的步骤。

任务二　线路故障定位及处理

任务描述

遇到线路故障告警时,在查询相关信息的基础上,需要准确定位故障位置并采取合理方法进行处理。

任务目标

● 掌握线路故障查询方法。
● 掌握线路性能查询方法。

任务实施

因为通常高级别的告警会抑制低级别的告警,分析告警时,应先分析高级别告警再分析低级别告警。在定位故障时,先排除外部因素（如光纤断、电源问题）再考虑 ZXCTN 设备的故障。先定位故障站点,再定位到具体单板。

故障处理的通用流程如图 4-2-1 所示。

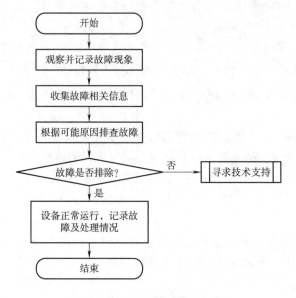

图 4-2-1　故障处理的通用流程图

任务小结

遇到线路故障告警时,先查询相关信息,再准确定位故障位置并采取合理方法进行处理。

※思考与练习

简答题

简述故障处理的通用流程。

任务三　典型故障实例分析处理

任务描述

光纤线路发生故障时,查询故障信息并准确定位故障位置后,需要采取合理方法进行处理。任务主要是熟悉几种常见的故障现象,并掌握故障分析及处理方法。

任务目标

- 掌握双纤中断故障案例分析处理方法。
- 掌握单纤中断故障案例分析处理方法。

- 掌握"鸳鸯纤"故障案例分析处理方法。
- 掌握光功率过低故障案例分析处理方法。
- 掌握光功率越限故障案例分析处理方法。

任务实施

一、双纤中断故障案例分析处理

系统概述:某局本地传输网采用 ZXCTN 6000 设备组成环状网,网络由 8 端 ZXCTN 6000 网元组成,其中网元 A、B 为 6 300,网元 C、D、E 为 6 200,网元 F、G、H 为 6 100。网络结构如图 4-3-1 所示。

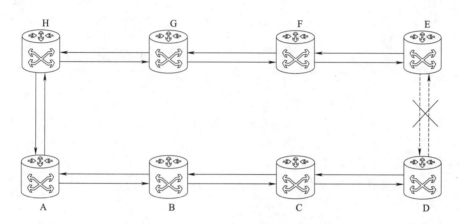

图 4-3-1　网络结构图

（一）分析双纤中断原因

故障现象:E 与 D 设备间连接端口告 LOS 告警,并两个端口性能均是收无光。

故障分析:E 与 D 设备间两端口均收无光,可判断出是 E 与 D 设备间的线路出现故障,或是光模块出现故障。

（二）修复双纤中断故障

故障排除步骤如下:

(1)在设备端使用跳纤进行设备环回操作。

(2)检查环回时光模块是否存在收光,无收光即须更换光模块,如果收光正常即进入下一步。

(3)使用 OTDR 检测光缆故障点。

(4)修复故障点的线路。

(5)检查 E 与 D 设备上的光纤端口收光是否正常。

LOS 告警一般是由光模块故障或者线路故障引起,LOS 告警产生的原因是无收光,可能是收到的光损耗过大以及到光模块无法识别,也可能是模块直接无法收到光。

二、单纤中断故障案例分析处理

系统概述:某局本地传输网采用 ZXCTN 6000 设备组成环状网,网络由 8 端 ZXCTN 6000 网元组成,其中网元 A、B 为 6 300,网元 C、D、E 为 6 200,网元 F、G、H 为 6 100。网络结构如图 4-3-2 所示。

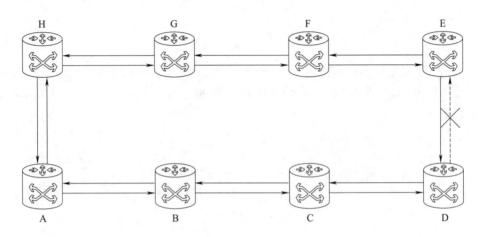

图 4-3-2　网络结构图

(一)分析单纤中断原因

故障现象:E 站点中 E 与 D 的连接端口产生 LOS 告警,D 站点中 E 与 D 的连接端口产生 RDI 告警。

故障分析:E 与 D 之间,E 站点发光正常,无收光;D 站点发光正常,收光正常。由此判断 D 站点发出的光而 E 站点没有接收到。

(二)修复单纤中断故障

故障排除步骤如下:

(1)通过网元管理系统中的告警将故障范围压缩至 D 站点的发光端口至 E 站点的收光电口。

(2)通知现场处理人员至 E 站点的收光端口处,通过 OTDR 仪表确认故障点至 E 的距离。

(3)通过距离估算故障点位置。

(4)找到故障点位置并修复故障。

(5)完成修复后与网元管理系统确认。

RDI(Remote Defect Indication)远端缺陷指示告警一般出现在单纤中断之时,当本端发送端口发送的信号对端没有接收到时,对端的 K2 字节 6、7、8 位会反馈 111 信息至本端端口。当本端接收到该信息时会产生 RDI 告警。

三、"鸳鸯纤"故障案例分析处理

系统概述:某局本地传输网采用 ZXCTN 6000 设备组成环状网,网络由 8 端 ZXCTN 6000 网元组成,其中网元 A、B 为 6 300,网元 C、D、E 为 6 200,网元 F、G、H 为 6 100。网络结构如

图 4-3-3 所示。

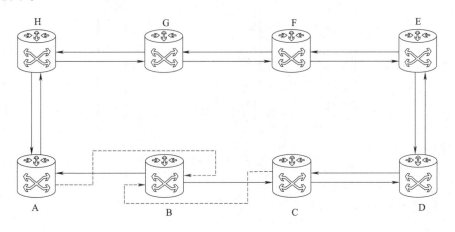

图 4-3-3　系统组网图

（一）分析"鸳鸯纤"故障现象

故障现象：某日传输机房维护人员反映，B 号站点因两侧光缆断裂（该站点东西方向的光纤有一段在同一根缆内），业务中断。经线路人员抢修后，业务恢复正常。但 10 min 后，环上业务除 B 号站外全阻，机房维护人员通过网管发现网上没有任何告警、性能数据；B 号站业务正常，但无法用网管登录。

故障分析：因光缆断裂前，通道保护倒换正常，且业务正常；而重新熔接光缆后出现这样奇怪的问题——没有任何告警，业务中断，且 B 站无法登录，因此很有可能是光缆熔接错了。

（二）"鸳鸯纤"故障排除

故障排除步骤如下：

（1）检查 A、B、C 三个站点的 J0 字节匹配信息；发现光纤的确是熔接错了——B 站东西方向接收的光纤接反，如图 4-3-4 所示。

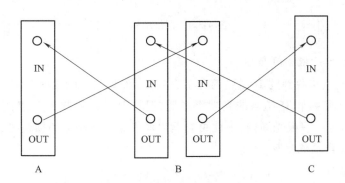

图 4-3-4　三站光缆接错示意图

（2）联系线路人员返回现场，再次检查线路，并重新接光缆，如图 4-3-5 所示。

在一些偏远站点，受限于线路资源，设备的双向均是从同一根光缆中的光纤，在光缆因故断裂后，局方线路人员在熔接时，因种种原因，可能会造成错接的现象；若恰好接成了鸳鸯纤，就会出现奇怪的现象，因此在光纤熔接时一定要小心。

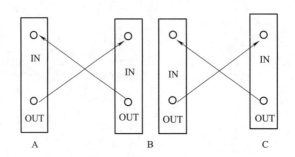

图 4-3-5　三站光缆正确连接示意图

四、光功率过低故障案例分析处理

系统概述：某局本地传输网采用 ZXCTN 6000 设备组成环状网，网络由 8 端 ZXCTN 6000 网元组成，其中网元 A、B 为 6 300，网元 C、D、E 为 6 200，网元 F、G、H 为 6 100。网络结构如图 4-3-6 所示。

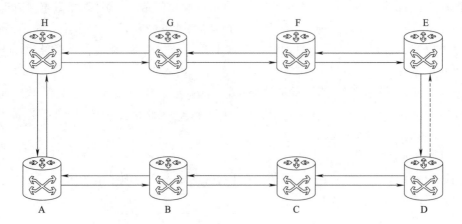

图 4-3-6　网络结构图

（一）分析光功率过低故障原因

故障现象：E 站点接收到的 D 站点的光功率过低，而 D 站点的发光功率正常。

故障分析：E 站点接收 D 站点的光功率过低，但是 D 站点接收 E 站点的光功率正常，而这两条线路一般都是在同一根光缆内，由此可判断出原因是该线路上的损耗过大。

（二）排除光功率过低故障

故障排除步骤如下：

（1）通知现场人员在 E 站点接收端口通过 OTDR 仪表测出该线路的光谱。

（2）通过该光谱分析该条线路中光功率损耗较大的几处位置。

（3）修复这几个位置的损耗问题。

（4）确认光功率是否正常。

考虑成本问题，光功率过低的最主要处理方式都是修复线路损耗。

五、光功率越限故障案例分析处理

系统概述:某局本地传输网采用 ZXCTN 6000 设备组成环状网,网络由 8 端 ZXCTN 6000 网元组成,其中网元 A、B 为 6 300,网元 C、D、E 为 6 200,网元 F、G、H 为 6 100。网络结构如图 4-3-7 所示。

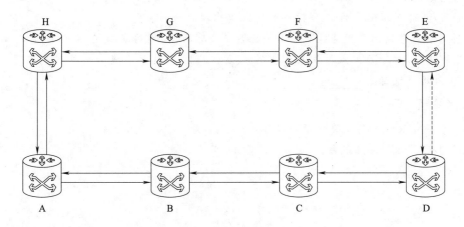

图 4-3-7　网络结构图

(一)分析光功率越限故障原因

故障现象:E 站点接收 D 站点的收光功率越限。

故障分析:为排除网络隐患,需对光功率越限进行处理,D 站点的发光功率在经过光纤传送后 E 站点的收光功率越限。

(二)排除光功率越限故障

故障排除步骤如下:

(1)通知现场处理人员在 D 站点就位。

(2)更换 D 站点上 D 与 E 相连接的光模块,模块改为短距。

(3)与网元管理系统确认,如果光功率仍然越限,则在 D 站点的发光端口添加光衰耗器。

光功率越限会对光模块的使用寿命产生影响,还可能对端口承载的信号产生误码,影响网络运行的稳定。处理此类故障一般都在发送端进行,首先采用更换成短距光模块,而后才会添加光衰耗器。光功率越限的处理方法需要在发光端口处处理。

任务小结

无论是怎样的网络环境处理问题时,要做的第一件事情就是收集故障表现和可能原因的基本信息。借助任何可用的方式,排除故障的关键在于通过提出正确的问题来获取有价值的信息。例如,在故障发生的前一段时间是否存在人为改动或破坏故障段的环境或网络设备,由此可更快地完成故障点定位。

※思考与练习

一、填空题

1. 某局本地传输网采用 ZXCTN 6000 设备组成环型网,网络 8 端 A-G 中 E 与 D 设备间两端口均收无光,可判断出是 E 与 D 设备间的线路出现故障,或者_____。

2. 某局本地传输网采用 ZXCTN 6000 设备组成环状网,网络 8 端 A-G 中 E 站点接收 D 站点的光功率过低,但是 D 站点接收 E 站点的光功率正常,而这两条线路一般都是在同一根光缆内,由此可判断出原因是_____。

二、简答题

1. 简述修复双纤中断故障的步骤。

2. 简述"鸳鸯纤"故障现象。

附录 A　缩 略 语

缩　　写	英 文 全 称	中 文 全 称
ADM	Add-Drop Multiplexer	分插复用器
ADM	Add-Drop Multiplexer	分插复用器
AGC	Automatic Gain Control	自动增益控制
APC	Automatic Power Control	自动功率控制
APD	Avalanche Photodiode	雪崩光电二极管
APS	Automatic Protection Switched	自动保护倒换
ASE	Amplified Spontaneous Emission	放大自发辐射
ASON	Automatically Switched Optical Network	自动交换光网络
ATC	Automatic Temperature Control	自动温度控制
ATM	Asynchronous Transfer Mode	异步传输模式
AU	Administrative Unit	管理单元
AUG	Administrative Unit Group	管理单元组
BA	Booster Amplifier	后背放大器
BBE	Background Block Error	背景块差错
BBER	Background Block Error Ratio	背景块差错比
BCP	Burst Control Packet	控制分组
BER	Bit Erro Rate	比特误差率
BFA	Brillouin Fiber Amplifier	布里渊光纤放大器
CC	Connection Controller	连接控制器
CPU	Central Processing Unit	中央处理单元
CWDM	Coarse Wavelength Division Multiplexer	粗波分复用
DA	Discovery Agent	发现代理组件
DBR	Distributed Brag Reflection	分布布拉格反射
DCF	Dispersion Compensation Single Mode Fiber	色散补偿单模光纤
DCN	Data Communication Network	数据通信网
DFB	Distributed Feedback Laser	分布反馈式激光器
DQDB	Distributed Queue Dual Bus	分布排列双总线
DR	Dynamic Range	动态范围
DRA	Distributed Raman Fiber Amplifier	分布式拉曼光纤放大器

缩　　写	英　文　全　称	中　文　全　称
DWDM	Dense Wavelength Division Multiplexing	高密度波分多路复用技术
DXC	Digital Exchange Connection	数字交叉连接功能
EDFA	Erbium Doped Fiber Amplifier	掺铒光纤放大器
ES	Error Seconds	误码秒
ESA	Excited State Absorption	激发态吸收
ESR	Errored Second Ratio	误码秒率
EX	Extinction Ratio	消光比
FDDI	Fiber Distributed Data Interface	布式数据接口
GSA	Ground State Absorption	基态吸收
HRDL	Hypothesis Reference Digital Link	假设参考数字链路
HRDS	Hypothetical Reference Digital Section	假设参考数字段
HRX	Hypothetical Reference Connection	参考连接
IC	Integrated Circuit	集成电路
ION	Intelligence Optical Networks	智能光网络
IP	Internet Protocol	网际协议
LA	Line Amplifier	中继放大器
LED	Light Emitting Diode	发光二极管
LRM	Link Resource Manager	链路资源管理器
MLM	Multi-Longitudinal Mode Laser	多纵模激光器
MQW	Multiple Quantum Well	多量子阱
MQW	Multiple Quantum Well	多量子阱
MSOH	Multiplexed Section Overhead	复用段开销
NE	Net Element	网元
NNI	Network Node Interface	网络节点接口
NRZ	Non-Return-To-Zero	不归零制
NZDF	Non Zero Dispersion Fiber	非零色散光纤
OADM	Optical Add-Dropmultiplexer	光分插复用器
OAM	Operation Administration And Maintenance	运行、管理和维护
OEIC	Opto-Electronic Integrated Circuit	光电集成电路
OFA	Optical Fiber Amplifier	光纤放大器
OFDM	Orthogonal Frequency Division Multiplexing	正交频分多路复用技术
OTDR	Optical Time Domain Reflectometry	光时域反射计

续表

缩　写	英 文 全 称	中 文 全 称
OTN	Optical Transport Network	光传输网
OXC	Optical Cross-Connect	光交叉连接器
OXC	Optical Cross-Connect	光交叉连接
PA	Preamplifier	前置放大器
PC	Protocol Controller	协议控制器
PD	Photodiode	光电二极管
PDFA	Praseodymium Doped Fiber Amplifier	掺镨光纤放大器
PIC	Photonic Integrated Circuit	光子集成电路
POH	Path Overhead	通道开销
PTN	Packet Transport Network	分组传送网
RC	Routing Controller	路由控制器
REG	Regenerator	再生中继器
RFA	Raman Fiber Amplifier	拉曼光纤放大器
RSOH	Regenerator Section Overhead	再生段开销
RZ	Return-To-Zero	归零码
SBS	Stimulated Brillouin Scattering	受激布里渊散射
SDH	Synchronous Digital Hierarchy	同步数据系列
SDXC	Synchronize Digital Exchange Connections	同步数字交叉连接
SESR	Serious Errored Second Ratio	严重误码秒率
SLM	Single Longitudinal Mode Laser	单纵模激光器
SMSR	Side-Mode Suppression Ratio	最小边模抑制比
SNR	Signal Noise Ratio	信噪比
SOA	Semiconductor Optical Amplifier	半导体光放大器
SOH	Section Overhead	段开销
SONET	Synchronous Optical Network	同步光网络
SRS	Stimulated Raman Scattering	受激拉曼散射
STM	Synchronous Transfer Module	同步传输模式
TAP	Termination And Adaptation Performer	终端和适配组件
TM	Termination Multiplexer	终端复用器
TP	Transport Profile	流量策略
TSI	Time-Slot Interchange	时隙交换
TU	Tributary Unit	支路单元

续表

缩　写	英　文　全　称	中　文　全　称
TUG	Tributary Unit Group	支路单元组
VC	Virtual Circuit	虚电路
VCSEL	Vertical Cavity Surface Emitting Laser	垂直空腔表面发射激光器
WDM	Wavelength Division Multiplex	波分多路复用

参 考 文 献

［1］朱勇,王江平,卢麟.光通信原理与技术［M］.2版.北京:科学出版社,2018.

［2］朱宗玖.光纤通信原理与应用［M］.北京:清华大学出版社,2013.

［3］邓大鹏.光纤通信原理［M］.北京:人民邮电出版社,2004.